Henrik Naß

Impedanzmessung mit einem Sechstor-Reflektometer

Stand 1998

GRIN Verlag

Bibliografische Information der Deutschen Nationalbibliothek:

Die Deutsche Bibliothek verzeichnet diese Publikation in der Deutschen Nationalbibliografie; detaillierte bibliografische Daten sind im Internet über http://dnb.d-nb.de/ abrufbar.

Impressum:

Druck und Bindung: Books on Demand GmbH, Norderstedt Germany
ISBN: 978-3-640-12605-7

Dieses Buch bei GRIN:

http://www.grin.com/de/e-book/108073/impedanzmessung-mit-einem-sechstor-reflektometer

Inhaltsverzeichnis

1 Einleitung

Es wird der Zusammenhang zwischen komplexer Impedanz und Reflexionsfaktor aufgezeigt. Dazu wird auf die allgemeine Leitungstheorie und im speziellen für den Hochfrequenzbereich eingegangen. Ziel ist es, die Impedanz bzw. den Reflexionsfaktor von unbekannten Leitungsabschlüssen zu ermitteln.
Dazu wird das theoretische Prinzip der Sechstor-Methode hergeleitet, sowie ein realer Meßplatz vorgestellt. Es wird gezeigt, daß es möglich ist mit skalaren Messungen eine komplexe Größe zu bestimmen.
Anschließend werden vergleichende Messungen an einem Sechstor-Meßplatz und an einem Netzwerkanalyser vorgenommen und ausgewertet.

2 Prinzip der Sechstormessung

Die Sechstormessung hat die Aufgabe durch <u>skalare</u> Messungen <u>komplexe</u> Reflexionsfaktoren bzw. Impedanzen zu ermitteln. Dazu werden entlang einer Leitung mehrere Messungen durchgeführt. Um die Zusammenhänge zu verdeutlichen, werden zunächst einige Begriffe und Grundlagen der Leitungstheorie erläutert.

2.1 Leitungen

Wird ein Signalgenerator an eine Leitung angeschlossen wird, dann sendet er eine Welle darauf aus (hinlaufende Welle). Sie erzeugt auf jedem Abschnitt der Leitung Wechselspannungen gleicher Frequenz. Ein Ersatzschaltbild ist in Bild 1 dargestellt.

Es werden hier nur Betrachtungen im eingeschwungenen Zustand gemacht. Außerdem wird in dem hier angeführtem Leitungsabschnitt ausschließlich auf Lecher- bzw. TEM-Wellen eingegangen (TEM : Transversal Electric Magnetic Waves). Das sind Wellen, deren Felder (*H* und *E*) sich ausschließlich in der Querschnittsebene befinden. Sie besitzen also keine Feldanteile in Ausbreitungsrichtung. Typische Beispiele für TEM-Leitungen sind Zweidrahtleitungen, Mikrostreifenleitungen oder Koaxialleitungen.

Von diesem Wellentyp sind die Hohlleiterwellen zu unterscheiden. Sie haben in Ausbreitungsrichtung elektrische oder magnetische Feldkomponenten. Für die Berechnung solcher Leiter werden fiktive Ströme und Spannungen eingeführt, so daß sie genauso wie Lecherleitungen behandelt werden können.

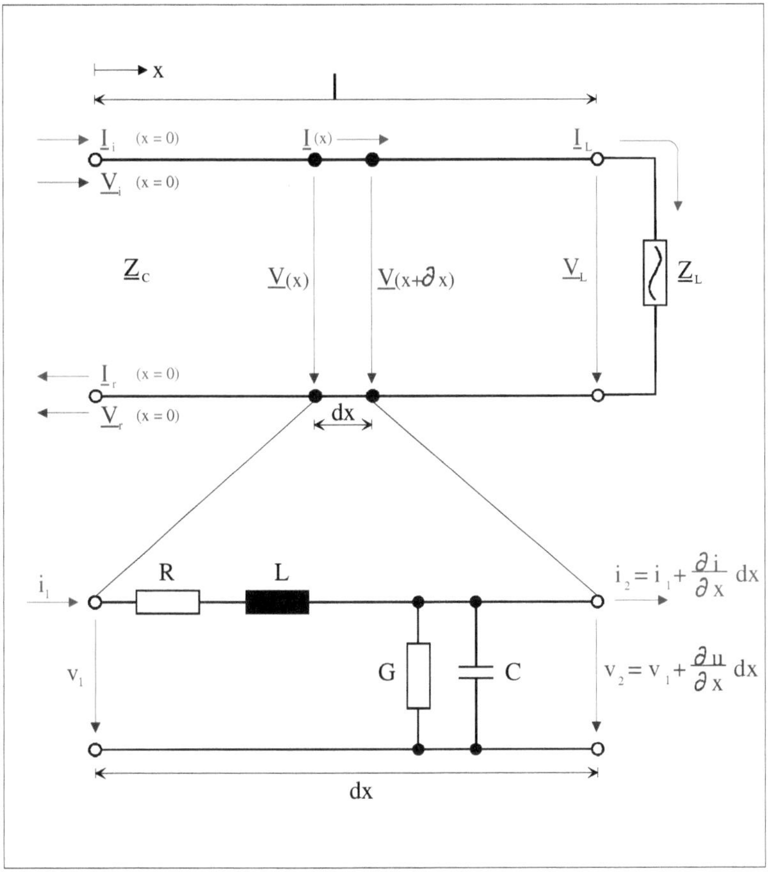

Bild 1: Ersatzschaltbild eines kurzen Leitungsabschnitts

Wählt man einen kurzen Leitungsabschnitt ∂x, so ergeben sich die sogenannten Leitungsbeläge:

Widerstandsbelag : (Widerstand geteilt durch Länge)	$R' = \frac{R}{l}$
Induktivitätsbelag : (Induktivität geteilt durch Länge)	$L' = \frac{L}{l}$
Leitwertbelag : (Leitwert geteilt durch Länge)	$G' = \frac{G}{l}$
Kapazitätsbelag : (Kapazität geteilt durch Länge)	$C'' = \frac{C}{l}$

Bei einer *homogenen* Leitung sind diese Werte längs der Leitung konstant. Daher werden die Beläge auch Leitungskonstanten genannt. Sie sind aber nicht hinsichtlich der Frequenz konstant.

Ströme und Spannungen auf der Leitung sind Funktionen der Zeit t und des Ortes x. Aus Bild 1 ergeben sich die Differentialgleichungen der elektrischen Leitung :

$$\frac{\partial v}{\partial x} = -\left(R' + L'\frac{\partial}{\partial t}\right)i \tag{2-1}$$

$$\frac{\partial i}{\partial x} = -\left(G' + C'\frac{\partial}{\partial t}\right)u \tag{2-2}$$

In diesem System partieller Differentialgleichungen 1. Ordnung ist die Spannung mit dem Strom verkoppelt und umgekehrt. Die partikuläre Lösung entspricht dem eingeschwungenen Zustand. Unter der Annahme, daß auf der Leitung nur eine Frequenz besteht, ergeben sich die Differentialgleichungen in komplexer Form für $\underline{V}$ und $\underline{I}$ im eingeschwungenen Zustand :

$$\frac{d\underline{U}_1}{dx} = -\left(R' + j\omega L'\right)\cdot \underline{I}_1 \tag{2-3}$$

$$\frac{d\underline{I}_1}{dx} = -\left(G' + j\omega C'\right)\cdot \underline{V}_1 \tag{2-4}$$

Wird Gleichung (2-3) nach dz differenziert, und $\frac{dI_1}{dx}$ aus Gleichung (2-4) eingesetzt, so erhält man :

$$\frac{d^2\underline{V}_1}{dx^2} = \left(R' + j\omega L'\right)\left(G' + j\omega C'\right)\underline{V}_1 \tag{2-5}$$

Dieses ist eine Differentialgleichung zweiter Ordnung und kann mit dem Ansatz $\underline{V} = c\cdot e^{\gamma x}$ integriert werden. Durch Lösen und Einsetzen erhält man mit den noch unbestimmten Konstanten c_1 und c_2

$$\underline{V} = c_1\cdot e^{-\gamma x} + c_2\cdot e^{\gamma x} \tag{2-6}$$

und

$$\underline{\gamma} = \sqrt{(R'+j\omega L')(G'+j\omega C')} = \alpha + j\beta$$

(2-7)

Dabei ist γ der **Ausbreitungskoeffizient**, α ist der **Dämpfungskoeffizient** und β ist der **Phasenkoeffizient.**

Der Strom wird nach demselben Prinzip ermittelt :

$$\underline{I} \cdot \underline{Z}_C = c_1 \cdot e^{-\gamma x} - c_2 \cdot e^{\gamma x}$$

(2-8)

Die Abkürzung $\underline{Z}_C$ steht für den Wellenwiderstand der Leitung (Characteristic Impedance) und ergibt sich :

$$\underline{Z}_C = \sqrt{\frac{(R'+j\omega L')}{(G'+j\omega C')}}$$

(2-9)

Setzt man nun für x die Leitungslänge l ein, so erhält man für den Strom bzw. die Spannung am Leitungsende :

$$\underline{V}_2 = c_1 \cdot e^{-\gamma l} + c_2 \cdot e^{\gamma l}$$

(2-10)

$$\underline{I}_2 \cdot \underline{Z}_C = c_1 \cdot e^{-\gamma l} - c_2 \cdot e^{\gamma l}$$

(2-11)

Durch Umformung lassen sich dann die Konstanten c_1 und c_2 berechnen und in die Gleichungen (2-6) und (2-8) einsetzen.

$$\underline{V}(x) = \frac{1}{2} \cdot \left(\underline{V}_2 + \underline{I}_2 \cdot \underline{Z}_C\right) \cdot e^{\underline{\gamma} \cdot (l-x)} + \frac{1}{2} \cdot \left(\underline{V}_2 - \underline{I}_2 \cdot \underline{Z}_C\right) \cdot e^{-\underline{\gamma} \cdot (l-x)}$$

(2-12)

$$\underline{I}(x) = \frac{1}{2} \cdot \left(\frac{\underline{V}_2}{\underline{Z}_C} + \underline{I}_2\right) \cdot e^{\underline{\gamma} \cdot (l-x)} + \frac{1}{2} \cdot \left(\frac{\underline{V}_2}{\underline{Z}_C} - \underline{I}_2\right) \cdot e^{-\underline{\gamma} \cdot (l-x)}$$

(2-13)

Es läßt sich also feststellen, daß die Ausbreitung der Ströme und Spannungen auf der Leitung das Bild der Überlagerung zweier Wellenzüge darstellt. Das ist zum einen die hinlaufende Welle ($\underline{V}_i$ incident wave), die vom Leitungsanfang wegläuft (in positiver x-Richtung), und die rücklaufende oder reflektierte Welle ($\underline{V}_r$ reflected wave), die vom Leitungsende zum Leitungsanfang läuft (negative x-Richtung). In Bild 2 ist ein möglicher Verlauf der Wellen dargestellt. Es ist zu erkennen, daß die Amplitude der hinlaufenden

Welle exponential mit $e^{-\alpha x}$ abnimmt. Am Leitungsende (x = l) wird die Welle bei Nichtanpassung ($\underline{Z}_L \neq \underline{Z}_C$) reflektiert, und die Amplitude der dann rücklaufenden Welle nimmt weiter mit $e^{\alpha x}$ ab.

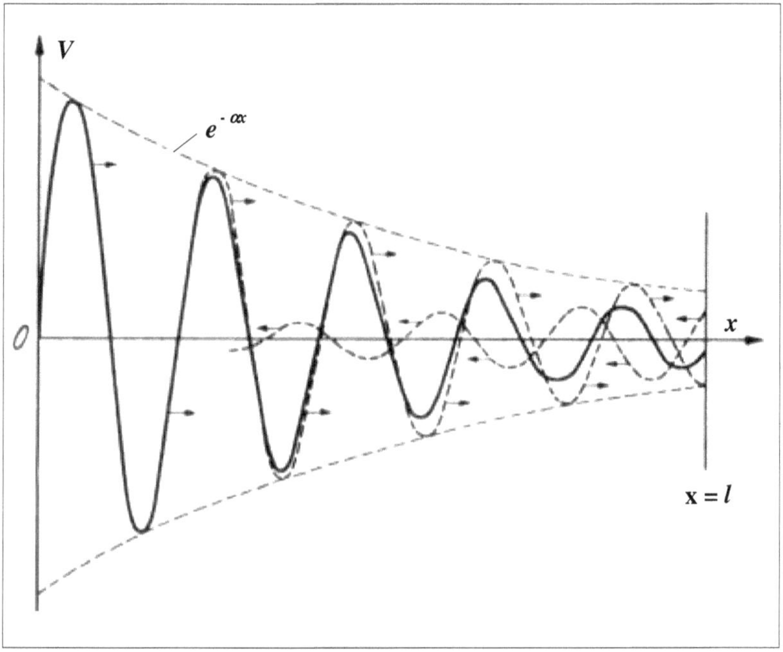

Bild 2 : Beispiel einer Signalausbreitung auf einer homogenen Leitung [7]

Setzt man für die beiden Spannungen der Wellen am Leitungsanfang (x = 0) die Begriffe $\underline{V}_{i0}$ und $\underline{V}_{r0}$ ein, dann ergibt sich für die beiden Wellen :

hinlaufende Welle	**rücklaufende Welle**
$\underline{V}_i(x) = \underline{V}_{i0} \cdot e^{-\gamma x}$ (2-14)	$\underline{V}_r(x) = \underline{V}_{r0} \cdot e^{\gamma x}$ (2-16)
$\underline{I}_i(x) = \frac{\underline{V}_{i0}}{\underline{Z}_C} \cdot e^{-\gamma x}$ (2-15)	$\underline{I}_r(x) = -\frac{\underline{V}_{r0}}{\underline{Z}_C} \cdot e^{\gamma x}$ (2-17)

Die Spannung bzw. den Strom auf der Leitung an der Stelle x läßt sich durch Überlagerung der beiden fortschreitenden Wellen ermitteln :

$$\underline{V}(x) = \underline{V}_i(x) + \underline{V}_r(x) = \underbrace{\underline{V}_{i0} \cdot e^{-\underline{\gamma}x}}_{\substack{\text{hinlaufende} \\ \text{Welle} \\ \left(\text{incident wave}\right)}} + \underbrace{\underline{V}_{r0} \cdot e^{\underline{\gamma}x}}_{\substack{\text{rücklaufende} \\ \text{Welle} \\ \left(\text{reflected wave}\right)}}$$

(2-18)

$$\underline{I}(x) = \frac{1}{\underline{Z}_C} \cdot \left(\underline{V}_{i0} \cdot e^{-\underline{\gamma}x} - \underline{V}_{r0} \cdot e^{-\underline{\gamma}x}\right)$$

(2-19)

Eine andere Form der Darstellung von Wellen ist die normierte Version mit den komplexen Wellengrößen $\underline{a}$ und $\underline{b}$.

$$\frac{\underline{V}_i}{\sqrt{\underline{Z}_C}} = \underline{a}$$ (2-20)	$$\frac{\underline{V}_r}{\sqrt{\underline{Z}_C}} = \underline{b}$$ (2-21)

Die Betrags-Quadrate von $\underline{a}$ und $\underline{b}$ stellen Leistungen dar.

2.1.1 Näherungen für hohe Frequenzen

Da sich die Leitung für hohe Frequenzen nahezu verlustlos verhält, lassen sich Vereinfachungen einführen. Es gilt :

$$R' << \omega L'$$
$$G' << \omega C'$$

Damit wird aus Gleichung (2-7) :

$$\underline{\gamma} = \sqrt{(R'+j\omega L')(G'+j\omega C')} = j\omega\sqrt{L'C'} = \alpha + j\beta$$

(2-22)

Daraus ergibt sich :

$$\alpha = 0$$
$$\beta = \omega\sqrt{L'C'}$$

(2-23)

mit :

$$\frac{1}{\sqrt{L'C'}} = \frac{1}{\sqrt{\mu_0 \varepsilon_0 \varepsilon_r}}$$

(2-24)

$$f = \frac{c}{\lambda} = \frac{c_0}{\lambda} \cdot \frac{1}{\sqrt{\varepsilon_r}}$$

(2-25)

$$\omega = 2\pi f$$

(2-26)

ergibt sich:

$$\boxed{\beta = \frac{2\pi}{\lambda}}$$

(2-27)

mit : ε_r : Dielektrizitätszahl
ε_0 : elektr. Feldkonstante
μ_0 : magn. Feldkonstante
c_0 : Lichtgeschwindigkeit
λ : Wellenlänge auf der Leitung
f : Frequenz des Signals

Auch für den Wellenwiderstand auf der Leitung ergeben sich Veränderungen. Werden in Gleichung (2-9) die Vereinfachungsbedingungen eingesetzt, so wird aus

$$\underline{Z}_C = \sqrt{\frac{(R' + j\omega L')}{(G' + j\omega C')}}$$

ein reeller Wert

$$Z_C = \sqrt{\frac{L'}{C'}}$$

(2-28)

für den Wellenwiderstand. In der Koaxialtechnik hat er in der Regel Werte von 50Ω oder 75Ω.

Da man es bei hohen Frequenzen mit einer verlustlosen Leitung zu tun hat, werden weder die hinlaufende noch die rücklaufende Welle gedämpft und es erfolgt ausschließlich eine Phasendrehung.

Damit ändert sich auch die Gleichung (2-18) :

$$\underline{V}(x) = \underline{V}_{i0} \cdot e^{-j\beta x} + \underline{V}_{r0} \cdot e^{j\beta x}$$

(2-29)

Ist die Leitung am Ende angepasst ($\underline{Z}_L = Z_C$), dann treten keine Reflexionen auf, und es gibt keine rücklaufende Welle ($\underline{V}_r = 0$). Ist die Leitung jedoch fehlangepasst ($\underline{Z}_L \neq Z_C$), dann wird die hinlaufende Welle mehr oder weniger reflektiert und es bildet sich eine stehende Welle auf der Leitung aus. Diese resultiert aus der Überlagerung der hinlaufenden und der rücklaufenden Welle. Das Verhältnis der beiden Wellen ergibt den Reflexionsfaktor.

Der Leitungsabschluß (Impedanz, Last, Load) $\underline{Z}_L$ und der Reflexionsfaktor $\underline{\Gamma}$ am Leitungsende hängen wie folgt zusammen :

$$\underline{\Gamma} = \frac{\underline{V}_r}{\underline{V}_i} = \frac{\underline{Z}_L - Z_C}{\underline{Z}_L + Z_C} = \rho \cdot e^{j\Phi} \qquad oder \qquad \underline{\Gamma} = \frac{1 - \frac{Z_C}{\underline{Z}_L}}{1 + \frac{Z_C}{\underline{Z}_L}} \qquad bzw. \qquad \frac{\underline{Z}_L}{Z_C} = \frac{1 + \underline{\Gamma}}{1 - \underline{\Gamma}} \tag{2-30}$$

mit

Betrag von $\underline{\Gamma}$	: ρ
Phasenwinkel von $\underline{\Gamma}$	: Φ
Wellenlänge auf der Leitung	: λ
Abschlußimpedanz	: $\underline{Z}_L$
Wellenwiderstand der Leitung	: Z_C

Daraus resultierend lassen sich die Reflexionsfaktoren für die markanten Abschlüsse Leerlauf ($\underline{Z}_L = \infty$), Kurzschluß ($\underline{Z}_L = 0$) und Anpassung ($\underline{Z}_L = Z$) bestimmen :

$$\underline{\Gamma}_{Leerlauf} = 1$$
$$\underline{\Gamma}_{Kurzschluß} = -1$$
$$\underline{\Gamma}_{Anpassung} = 0$$

Bei Anpassung wird nichts reflektiert und es bilden sich keine stehenden Wellen aus. Die Amplituden für Strom und Spannung über die Leitung sind konstant und in Phase.
Bei Leerlauf oder Kurzschluß wird die hinlaufende Welle total reflektiert. Beim Leerlauf ist die reflektierte Welle in Phase mit der hinlaufenden, beim Kurzschluß sind sie um 180° in der Phase verschoben. Beim Leerlauf heben sich die Ströme beider Wellen auf und die Spannungen addieren sich und beim Kurzschluß verhält es sich umgekehrt. Die Strom- und Spannungsverhältnisse auf der Leitung für die Leitungsabschlüsse Leerlauf und Kurzschluß, sowie die zugehörige Eingangsimpedanz werden in Bild 3 dargestellt.

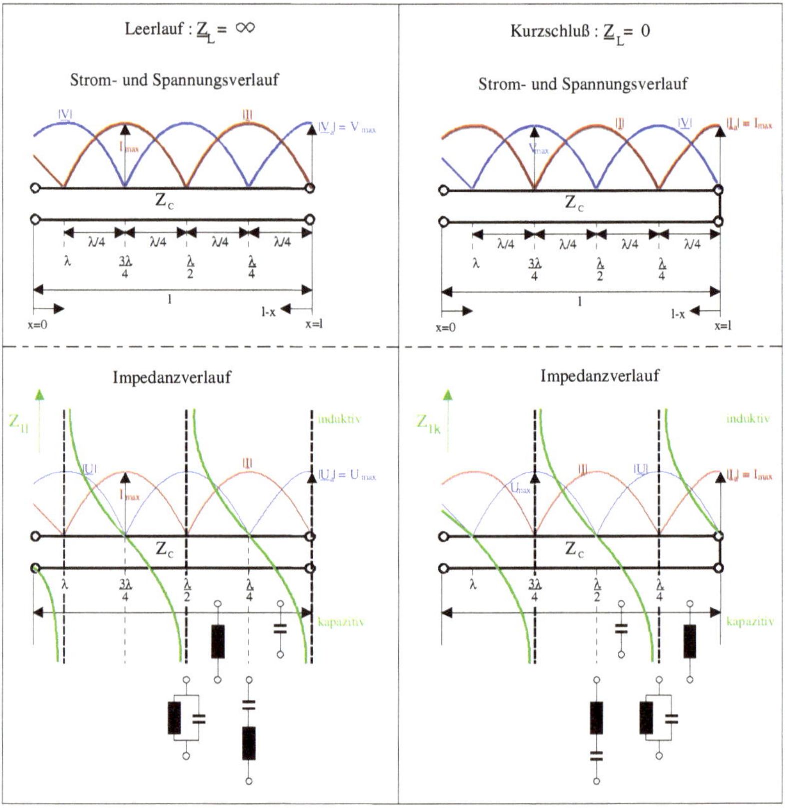

Bild 3 : Strom-, Spannungs- und Eingangsimpedanzverläufe bei Leerlauf und Kurzschluß

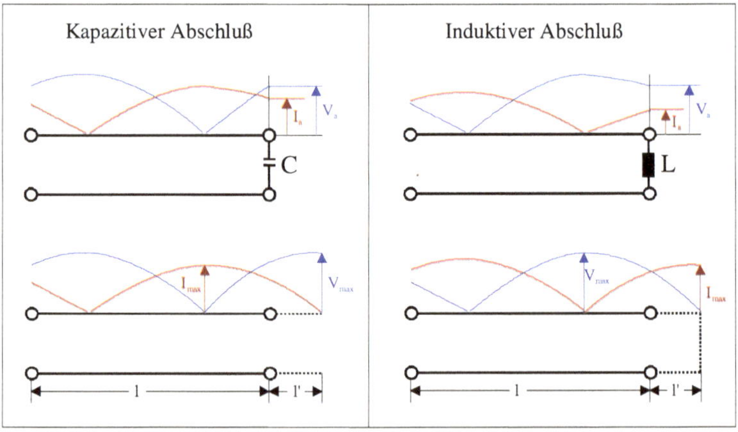

Bild 4 : Leitungsabschluß mit einer Reaktanz und dessen Leitungsersatzstück

Aus den Impedanzverläufen aus Bild 3 ist ersichtlich, daß sich eine Reaktanz am Leitungsende durch ein Leitungsstück mit $l' < \lambda/4$ ersetzen läßt. Bild 4 zeigt den Leitungsabschluß mit einem verlustlosen Kondensator bzw. einer verlustlosen Induktivität, und dessen Ersatzleitungsstück. Wird die Leitungsersatzinduktivität mit einer leerlaufenden Leitung realisiert werden, so muß das Ersatzleitungsstück mit einer Länge $l' > \lambda/4$ versehen werden. Danach kann die Leitung um $\lambda/2$ verkürzt werden, ohne dessen Eingangsimpedanz zu verändern (s. Bild 3).

Abschließend läßt sich sagen, daß eine mit einer Kapazität abgeschlossenen Leitung wie eine verlängerte leerlaufende Leitung wirkt, und eine mit einer Induktivität abgeschlossenen Leitung wie eine verkürzte leerlaufende Leitung.Voraussetzung ist, daß die Ersatzleitungsstücke den gleichen Wellenwiderstand haben, wie die Hauptleitung. Den Wert für die Länge von l' läßt sich durch die von der angeschlossenen Reaktanz hervorgerufenen Knotenpunktverschiebung d ermitteln (Bild 5). Mit dem Wert von l' läßt sich dann der unbekannte Blindwiderstand am Leitungsende in Art und Größe berechnen.

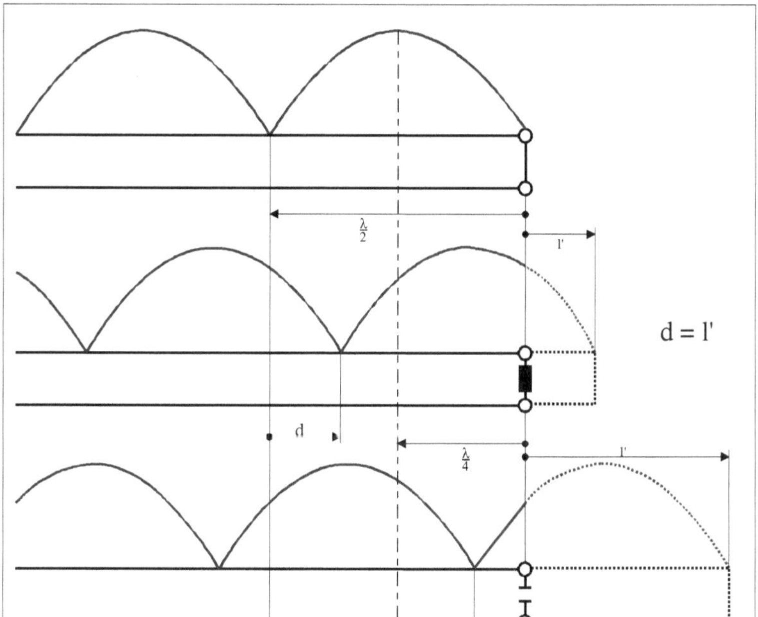

Bild 5 : Beispiel einer Spannungsknotenpunktverschiebung anhand einer kurzgeschlossenen Leitung

Der unbekannte Blindwiderstand X ergibt sich :

$$X = Z_C \cdot \tan \beta l' = Z_C \cdot \tan \beta d = Z_C \cdot \tan \frac{2\pi d}{\lambda}$$

(2-31)

Wird die Leitung mit einem reellen Widerstand $\underline{Z}_L = R_L$ abgeschlossen, der ungleich dem Wellenwiderstand Z_C ist, so spricht man von Fehlanpassung.. Es bilden sich dann keine stehenden Wellen auf der Leitung aus. Die Strom- und Spannungsverläufe liegen dann zwischen dem Anpassungs- und Leerlauffall oder zwischen dem Anpassungs- und Kurzschlußfall. Der Reflexionsfaktor ist ein Maß für den Anpassungsfehler. Das Verhältnis des Spannungsmaximalwertes

$$V_{max} = |\underline{V}_i| + |\underline{V}_r|$$

zum Minimalwert

$$V_{min} = |\underline{V}_i| - |\underline{V}_r|$$

wird als Welligkeitsfaktor *s* oder Welligkeit bezeichnet. Es ist auch die Bezeichnung vswr (voltage standing wave ratio ; Stehwellenverhältnis) gebräuchlich.

$$s = \frac{V_{max}}{V_{min}} = \frac{I_{max}}{I_{min}} \qquad 1 \leq s \leq \infty$$

(2-32)

Welligkeitsfaktor und Reflexionsfaktorbetrag hängen unmittelbar zusammen :

$$s = \frac{1+\rho}{1-\rho}$$

(2-33)

Der Kehrwert des Welligkeitsfaktors wird Anpassungsfaktor *m* genannt :

$$m = \frac{1}{s} \qquad 0 \leq m \leq 1$$

(2-34)

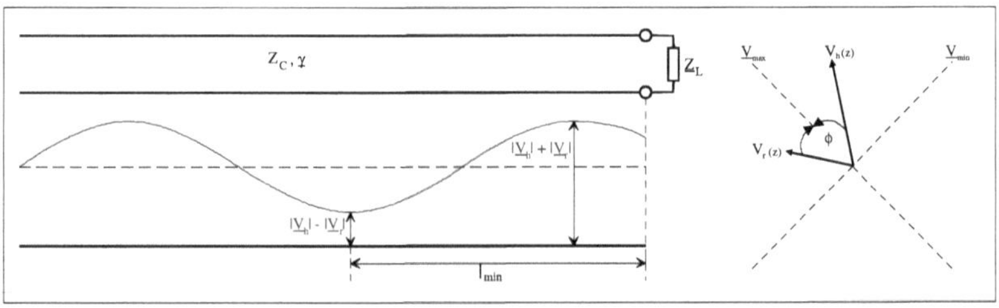

Bild 6 : Veranschaulichung der Welligkeit [8]

Durch Umformen der Gleichung (2-33) läßt sich der Betrag des Reflexionsfaktor bestimmen.

$$\rho = \frac{s-1}{s+1}$$

(2-35)

Die Phase Φ des Reflexionsfaktors wird aus dem Abstand $l_{\min}$ des Spannungsminimums vom Leitungsende bestimmt (s. Bild 6). Am Ende der Leitung hat der Winkel den Wert Φ. Davon zurückgehend, dreht $\underline{V}_i$ in positivem, und $\underline{V}_r$ in negativem Sinne. Am Ort des Spannungsminimums sind sie in Gegenphase. Es gilt also :

$$2\beta l_{\min} = \Phi + \pi \qquad \Rightarrow \qquad \Phi = 2\beta l_{\min} - \pi$$

(2-36)

2.1.2 Smith-Diagramm (Smith-Chart)

Aus dem Smith-Diagramm kann man sofort den Zusammenhang zwischen normierter Last (Load) $\underline{Z}_L/Z_C$ und Reflexionsfaktor $\underline{\Gamma}$ ablesen. Das Diagramm stellt die Reflexionsfaktorebene dar. $\underline{\Gamma}$ kann in Betrag und Phase abgemessen werden. Die dazugehörige auf den Wellenwiderstand der Leitung normierte Impedanz kann abgelesen werden. In Bild 7 ist ein Beispiel dargestellt. Die normierte Impedanz beträgt dort

$$\frac{\underline{Z}_L}{Z_C} = 0{,}5 - j1{,}2$$

Ein über das Smith-Diagramm gelegter Einheitskreis verdeutlicht, wie der Reflexionsfaktor direkt ermittelt werden kann. Mit den Gleichungen (2-30)

$$\underline{\Gamma} = \frac{\underline{V}_r}{\underline{V}_i} = \frac{\underline{Z}_L - Z_C}{\underline{Z}_L + Z_C} = \rho \cdot e^{j\Phi} \qquad \textit{oder} \qquad \underline{\Gamma} = \frac{1 - \frac{Z_C}{\underline{Z}_L}}{1 + \frac{Z_C}{\underline{Z}_L}} \qquad \textit{bzw.} \qquad \frac{\underline{Z}_L}{Z_C} = \frac{1+\underline{\Gamma}}{1-\underline{\Gamma}}$$

läßt sich der Faktor auch berechnen :

$$\underline{\Gamma} = \frac{1 - \frac{1}{0{,}5 - j1{,}2}}{1 + \frac{1}{0{,}5 - j1{,}2}} = 0{,}68 \cdot e^{-j74^\circ}$$

Durch Nachmessen wird dieses Ergebnis bestätigt. Auch die markanten Punkte Kurzschluß, Leerlauf und Anpassung lassen sich im Smith-Diagramm wiederfinden. Im Anpassungsfall (A) beträgt die normierte Impedanz 1, und der Reflexionsfaktor hat den

Wert 0. Auch der Kurzschlußfall $\left(\frac{\underline{Z}_L}{Z_C} = 0\,;\,\underline{\Gamma} = -1\right)$ läßt sich wiederfinden (K). Analog dazu ergibt sich der Leerlauffall (L) :

$$\left(\frac{\underline{Z}_L}{Z_C} = \infty\,;\,\underline{\Gamma} = +1\right)$$

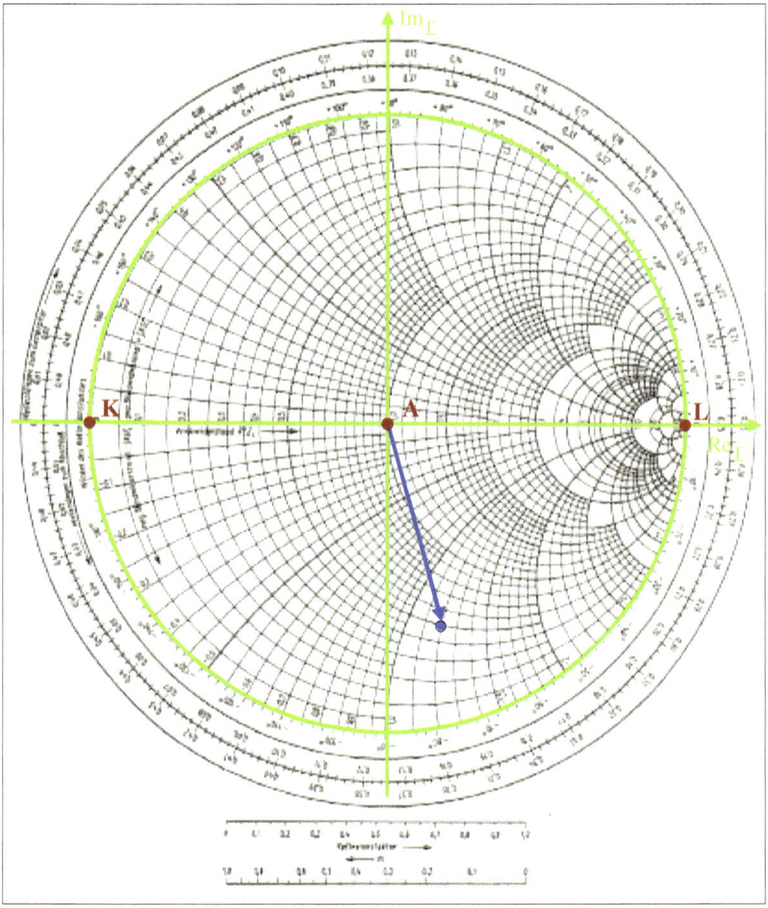

Bild 7 : Beispiel für die Verwendung des Smith-Diagramms

2.2 Idealer Fall der Reflexionsfaktorermittlung

2.2.1 Möglichkeiten zur Impedanzmessung

Es gibt verschiedenen Verfahren um Impedanzen zu messen. Die klassische Methode dafür ist die Verwendung von Meßbrücken. Ein Sonderfall ist die sogenannte Stehwellenmeßbrücke (SWR-Brücke, Bild 8). Dort läßt sich die unbekannte Impedanz $\underline{Z}_L$ bzw. dessen Reflexionsfaktor durch Messung <u>komplexer</u> Spannungen bestimmen :

$$\underline{V}_2 = \frac{\underline{Z}_L - Z_C}{\underline{Z}_L + Z_C} \cdot \frac{\underline{V}_S}{8} = \underline{\Gamma}_L \cdot \frac{\underline{V}_S}{8} \quad \rightarrow \quad \underline{\Gamma}_L = \frac{8 \cdot \underline{V}_2}{\underline{V}_S} \tag{2-37}$$

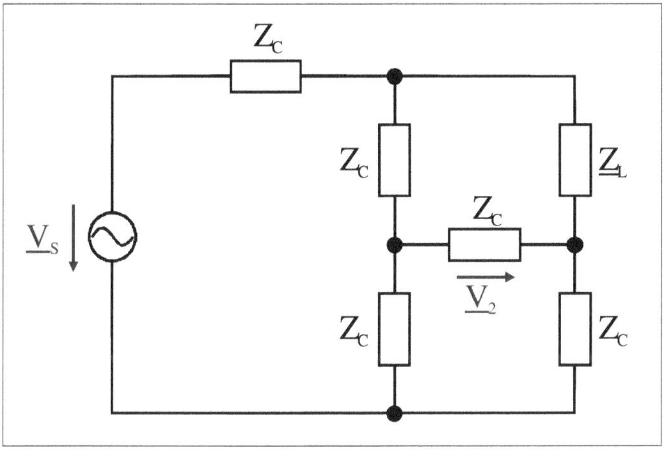

Bild 8 : SWR-Brücke

Das Problem bei dieser Methode ist, daß die Spannungen komplex (z.B. mit einem Vektorvoltmeter) bestimmt werden müssen.
Der große Vorteil der Sechstormethode liegt darin, daß nur <u>skalare</u> Messungen durchgeführt werden müssen, um den <u>komplexen</u> Reflexionsfaktor zu ermitteln. Im Folgenden wird das Prinzip dieser Methode verdeutlicht.

2.2.2 Berechnung des Reflexionsfaktors

Grundsätzlich wird für die Reflexionsfaktorermittlung ein Generator, ein Meßobjekt (auch : DUT [Device Under Test]) und ein Stück Leitung benötigt. Zusätzlich werden mindestens drei Spannungsmessungen entlang der Leitung gemacht. Eine Messung dient zur Ermittlung der Amplitude der hinlaufenden Welle $|\underline{V}_i|$. Die anderen beiden Messungen erfolgen in einem bekannten Abstand z_1, z_2 vom Leitungsende. Sie liefern zwei Spannungsamplituden $|\underline{V}_1|$ und $|\underline{V}_2|$ auf der Leitung in definiertem Abstand zum Leitungsende. Bild 9 veranschaulicht noch einmal die Begriffsfestlegung und die prinzipielle Meßanordnung.

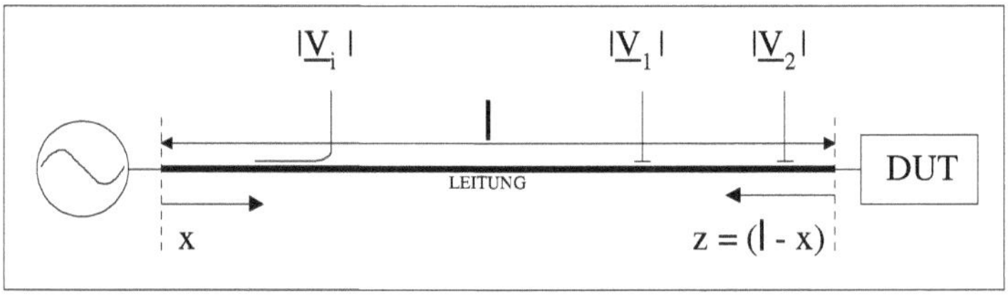

Bild 9 : Begriffsdefinitionen und Prinzipdarstellung zur Reflexionsfaktorberechnung

Es gilt für den gesuchten Reflexionsfaktor des Meßobjektes am Leitungsende :

$$\underline{\Gamma} = \rho \cdot e^{j\Phi} = \frac{\underline{V}_r}{\underline{V}_i} = \frac{\underline{V}_{r0} \cdot e^{j\beta l}}{\underline{V}_{i0} \cdot e^{-j\beta l}} \tag{2-38}$$

Die Gleichung (2-33) wird nach $\underline{V}_{r0}$ aufgelöst und in die Gleichung (2-25) eingesetzt :

$$\underline{V}(x) = \underline{V}_i(x) + \underline{V}_r(x) = \underline{V}_{i0} \cdot e^{-j\beta x} + \underline{V}_{r0} \cdot e^{j\beta x}$$

$$\begin{aligned}\underline{V}(x) &= \underline{V}_{i0} \cdot e^{-j\beta x} + \underline{V}_{i0} \cdot \rho \cdot e^{j\Phi} \cdot e^{-j\beta l} \cdot e^{-j\beta l} \cdot e^{-j\beta x} \\ &= \underline{V}_{i0} \cdot e^{-j\beta x} \cdot \left(1 + \rho \cdot e^{j\Phi} \cdot e^{-j2\beta l} \cdot e^{j2\beta x}\right) \\ &= \underbrace{\underline{V}_{i0} \cdot e^{-j\beta x}}_{\underline{V}_i(x)} \cdot \left(1 + \rho \cdot e^{j(\Phi - 2\beta(l-x))}\right) = \underline{V}_{i0} \cdot e^{-j\beta x} \cdot \left\{1 + \rho \cdot \left\langle \cos[\Phi - 2\beta(l-x)] + j\sin[\Phi - 2\beta(l-x)]\right\rangle\right\}\end{aligned}$$

Daraus läßt sich das Spannungsverhältnis berechnen :

$$\frac{\underline{V}(x)}{\underline{V}_{i0} \cdot e^{-j\beta x}} = 1 + \rho \cdot \cos[\Phi - 2\beta(l-x)] + j\sin[\Phi - 2\beta(l-x)]$$

Die Betragsquadrate ergeben :

$$\begin{aligned}\left|\frac{\underline{V}(x)}{\underline{V}_i}\right|^2 &= 1 + 2 \cdot \rho \cdot \cos[\Phi - 2\beta(l-x)] + \rho^2 \cdot \cos^2[\Phi - 2\beta(l-x)] + \rho^2 \cdot \sin^2[\Phi - 2\beta(l-x)] \\ &= 1 + \rho^2 \cdot \underbrace{\left\{\cos^2[\Phi - 2\beta(l-x)] + \sin^2[\Phi - 2\beta(l-x)]\right\}}_{1} + 2 \cdot \rho \cdot \cos[\Phi - 2\beta(l-x)] \\ &= 1 + \rho^2 + 2 \cdot \rho \cdot \cos[\Phi - 2\beta(l-x)]\end{aligned}$$

Also läßt sich abschließend festhalten :

$$\left|\frac{\underline{V}(x)}{\underline{V}_i}\right|^2 = 1+\rho^2+2\cdot\rho\cdot\cos[\Phi-2\beta(l-x)]$$

(2-39)

2.2.2.1 *Berechnung mit drei Spannungsmessungen*

In Gleichung (2-34) sind nur der Betrag des Reflexionsfaktors und sein Phasenwinkel unbekannt. Um nun den Reflexionsfaktor in Betrag und Phase berechnen zu können, müssen die Amplitude der hinlaufenden Welle (V_i) und die Wellenlänge auf der Leitung (λ) bekannt sein. Diese ergibt sich nach Gleichung (2-22) :

$$\lambda = \frac{c}{f} = \frac{c_0}{f}\cdot\frac{1}{\sqrt{\varepsilon_r}}$$

Wird eine Spannungsmessung direkt am Leitungsende (Bezugsebene $x_1 = l$) und eine weitere im Abstand $^{\lambda}/_4$ vom Leitungsende ($x_2 = l - {}^{\lambda}/_4$) vorgenommen (Bild 10), so ergibt sich ein Gleichungssystem mit zwei Gleichungen und zwei Unbekannten, das sich lösen läßt.

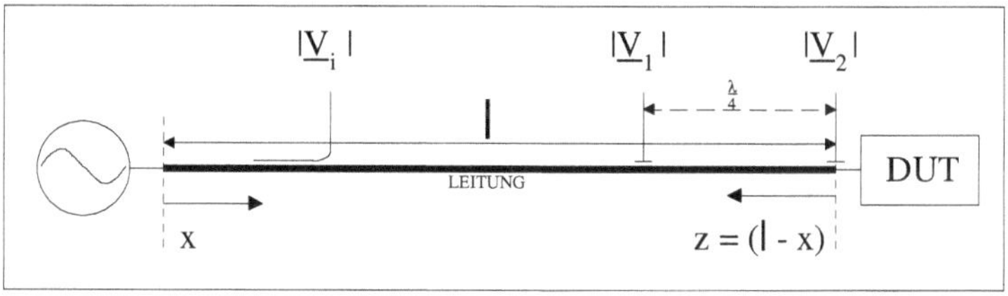

Bild 10 : Reflexionsfaktorberechnung mit drei Spannungsmessungen

Die Gleichungen ergeben sich durch Einsetzen der Bedingungen für x_1 und x_2 in (2-34). Der entscheidende Kosinusteil der jeweiligen Gleichung ergibt :

$$x_1 = l \quad \Rightarrow \quad \cos[\Phi-2\beta(l-x_1)] = \cos\Phi$$

$$x_2 = l-\frac{\lambda}{4} \quad \Rightarrow \quad \cos[\Phi-2\beta(l-x_2)] = \cos\left\{\Phi-2\beta\left[l-\left(l-\frac{\lambda}{4}\right)\right]\right\}$$

$$= \cos\left(\Phi-2\cdot\frac{2\pi}{\lambda}\cdot\frac{\lambda}{4}\right) = \cos(\Phi-\pi) = -\cos\Phi$$

mit : $\beta = {}^{2\pi}/_{\lambda}$

Daraus entsteht das Gleichungssystem :

$$\left|\frac{\underline{V}(x_1)}{\underline{V}_i}\right|^2 = 1+\rho^2+2\cdot\rho\cdot\cos\Phi$$

(2-40)

$$\left|\frac{\underline{V}(x_2)}{\underline{V}_i}\right|^2 = 1+\rho^2-2\cdot\rho\cdot\cos\Phi$$

(2-41)

Durch Umformung erhält man für den Betrag des Reflexionsfaktor :

$$\boxed{\rho=\sqrt{\frac{\left|\frac{\underline{V}(x_2)}{\underline{V}_i}\right|^2+\left|\frac{\underline{V}(x_1)}{\underline{V}_i}\right|^2-2}{2}}}$$

(2-42)

Entsprechend ergibt sich der Phasenwinkel des Reflexionsfaktors :

$$\boxed{\Phi=\arccos\left(\frac{\left|\frac{\underline{V}(x_1)}{\underline{V}_i}\right|^2-1-\rho^2}{2\cdot\rho}\right)=\arccos\left(\frac{\left|\frac{\underline{V}(x_2)}{\underline{V}_i}\right|^2-1-\rho^2}{-2\cdot\rho}\right)}$$

(2-43)

Soll der Reflexionsfaktor für eine andere Frequenz ermittelt werden, so müßte die Meßsondenanordnung geändert werden, da sich mit der Frequenz auch die Wellenlänge auf der Leitung ändert. Die zweite Meßsonde müßte soweit verschoben werden, daß sie wieder um $^{\lambda}/_{4}$ (oder um $[(2n-1)\cdot\, ^{\lambda}/_{4}]$) vom Leitungsende postiert ist. Um davon unabhängig zu sein, ist der Einsatz einer weiteren Meßsonde notwendig.

2.2.2.2 Berechnung mit vier Spannungsmessungen

Durch den Einsatz einer zusätzlichen Meßsonde (Bild 11) ist man in der Wahl der Abstände der Meßsonden vom Leitungsende frei, und man kann die Anordnung breitbandiger einsetzen. Allerdings wird die Bandbreite eingeschränkt, weil die Eindeutigkeit zwischen Meßwerten und Reflexionsfaktor in einigen Bereichen verloren gehen kann. Wenn sich zwei Sonden in einem Abstand von $[n\cdot\, ^{\lambda}/_{2}]$ zueinander befinden, sind ihre Spannungswerte gleich groß. Das hätte zur Folge, daß die folgenden Berechnungen kein Ergebnis liefern würden (wenn z.B. die Sonden 1 und 2 um $n\cdot\, ^{\lambda}/_{2}$ entfernt sind, wäre k_4 (2-48) Null, und die anderen Konstanten liefern kein Ergebnis).

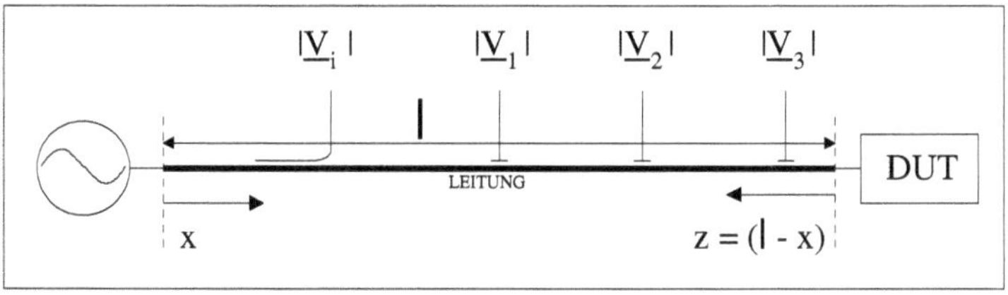

Bild 11 : Reflexionsfaktorberechnung mit vier Spannungsmessungen

Im allgemeinen Fall entstehen drei Gleichungen mit drei Unbekannten. Ausgehend von Gleichung (2-34)

$$\left|\frac{\underline{V}(x)}{\underline{V}_i}\right|^2 = 1+\rho^2+2\cdot\rho\cdot\cos\left[\Phi-2\beta(l-x)\right]$$

und mit

$$\cos\left[\Phi-2\beta(l-x)\right] = \cos\left[2\beta(l-x)\right]\cdot\cos\Phi+\sin\left[2\beta(l-x)\right]\cdot\sin\Phi$$

gilt für beliebige Abstände z_1, z_2 und z_3 vom Leitungsende :

$$\left|\frac{\underline{V}(x_1)}{\underline{V}_i}\right|^2 = 1+\rho^2+2\cdot\rho\cdot\left[\cos 2\beta\left(l-x_1\right)\cdot\cos\Phi+\sin 2\beta\left(l-x_1\right)\cdot\sin\Phi\right] \tag{2-44}$$

$$\left|\frac{\underline{V}(x_2)}{\underline{V}_i}\right|^2 = 1+\rho^2+2\cdot\rho\cdot\left[\cos 2\beta\left(l-x_2\right)\cdot\cos\Phi+\sin 2\beta\left(l-x_2\right)\cdot\sin\Phi\right] \tag{2-45}$$

$$\left|\frac{\underline{V}(x_3)}{\underline{V}_i}\right|^2 = 1+\rho^2+2\cdot\rho\cdot\left[\cos 2\beta\left(l-x_3\right)\cdot\cos\Phi+\sin 2\beta\left(l-x_3\right)\cdot\sin\Phi\right] \tag{2-46}$$

Durch Umformen und Einsetzen erhält man für den Betrag des Reflexionsfaktors :

$$\boxed{\rho=\sqrt{\frac{\left|\frac{\underline{V}(x_3)}{\underline{V}_i}\right|^2+k_1\cdot\left|\frac{\underline{V}(x_2)}{\underline{V}_i}\right|^2+k_2\cdot\left|\frac{\underline{V}(x_1)}{\underline{V}_i}\right|^2}{k_3}-1}} \tag{2-47}$$

Die Konstanten k_1, k_2 und k_3 werden durch die Position der Meßorte auf der Leitung und mit Kenntnis der Wellenlänge bestimmt:

Mit den Gleichungen (2-22) und (2-24)

$$f = \frac{c_0}{\lambda} \cdot \frac{1}{\sqrt{\varepsilon_r}} \qquad \beta = \frac{2\pi}{\lambda}$$

und mit

$$k_4 = \sin 2\beta(l - x_2) \cdot \left[\cos 2\beta(l - x_1) - \frac{\sin 2\beta(l - x_1)}{\tan 2\beta(l - x_2)} \right] \tag{2-48}$$

werden die Konstanten berechnet :

$$k_1 = \frac{\sin 2\beta(l - x_1) \cdot \sin 2\beta(x_3 - x_2)}{\sin 2\beta(l - x_2) \cdot k_4} - \frac{\sin 2\beta(l - x_3)}{\sin 2\beta(l - x_2)} \tag{2-49}$$

$$k_2 = \frac{\sin 2\beta(x_2 - x_3)}{k_4} \tag{2-50}$$

$$k_3 = 1 - \frac{\sin 2\beta(x_2 - x_3) \cdot \left[\frac{\sin 2\beta(l - x_1)}{\sin 2\beta(l - x_2)} - 1 \right]}{k_4} - \frac{\sin 2\beta(l - x_3)}{\sin 2\beta(l - x_2)} \tag{2-51}$$

Mit Kenntnis des Reflexionsfaktorbetrages aus Gleichung (2-43) läßt sich dann auch dessen Phasenwinkel berechnen:

$$\Phi = \arccos \left[\frac{\left| \frac{\underline{V}(x_1)}{\underline{V}_i} \right|^2 - \frac{\sin 2\beta(l - x_1)}{\sin 2\beta(l - x_2)} \cdot \left| \frac{\underline{V}(x_2)}{\underline{V}_i} \right|^2 - 1 - \rho^2 \cdot \left(1 - \frac{\sin 2\beta(l - x_1)}{\sin 2\beta(l - x_2)} \right) + \frac{\sin 2\beta(l - x_1)}{\sin 2\beta(l - x_2)}}{2 \cdot \rho \cdot \left(\cos 2\beta(l - x_1) - \frac{\sin 2\beta(l - x_1)}{\tan 2\beta(l - x_2)} \right)} \right] \tag{2-52}$$

3 Aufbau eines Sechstormeßplatzes

3.1 Realer Fall der Reflexionsfaktorermittlung mit der Sechstormessung

Um die Reflexionsfaktormessung realisieren zu können, wird ein Sechstornetzwerk aufgebaut. An einem Tor wird ein Generator angeschlossen, und an einem anderen Tor das Meßobjekt [auch : DUT (device under test)]. An den übrigen vier Toren werden Meßgeräte angeschlossen. Da diese Geräte, aufgrund von Anschlußleitungen und -verschraubungen, nie genau dem Wellenwiderstand der Leitung angepaßt sein können, treten dort auch Reflexionen auf ($\underline{\Gamma}_1$, $\underline{\Gamma}_3$, $\underline{\Gamma}_4$, $\underline{\Gamma}_5$, $\underline{\Gamma}_6$). Diese sollten die Messung des gesuchten Reflexionsfaktors $\underline{\Gamma}_{DUT}$ natürlich nicht beeinflussen. Deshalb ist es notwendig vor jeder Messung das Sechstor zu kalibrieren. Darauf wird später noch genau eingegangen. Zunächst werden mögliche Realisierungen des Sechstornetzwerkes beschrieben. Bild 12 zeigt einen Prinzipaufbau.

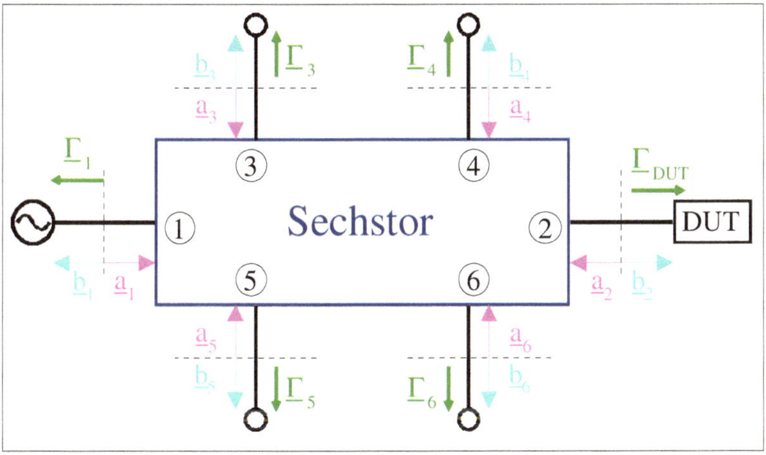

Bild 12 : Prinzipieller Aufbau einer Sechstormessung

Das Sechstor kann mit beliebigen Leitungstypen aufgebaut werden. Vornehmlich werden jedoch Realisierungen in Hohlleiter- oder Koaxialtechnik verwendet. Die Meßleitung verläuft vom Generator zum Meßobjekt. Entlang dieser Leitung werden Leistungs- oder Spannungsmessungen durchgeführt. Dazu kommen Meßsonden und Richtkoppler zum Einsatz.

3.1.1 Der Richtkoppler (Directional Coupler)

3.1.1.1 Hohlleiter

Ein Richtkoppler hat die Aufgabe aus einer Hauptleitung Feldstärkeanteile aus der hin- oder rücklaufenden Welle zu entnehmen.
Eine anschauliche Form eines Richtkopplers in Hohlleitertechnik ist der Zweilochrichtkoppler (Bild 13).

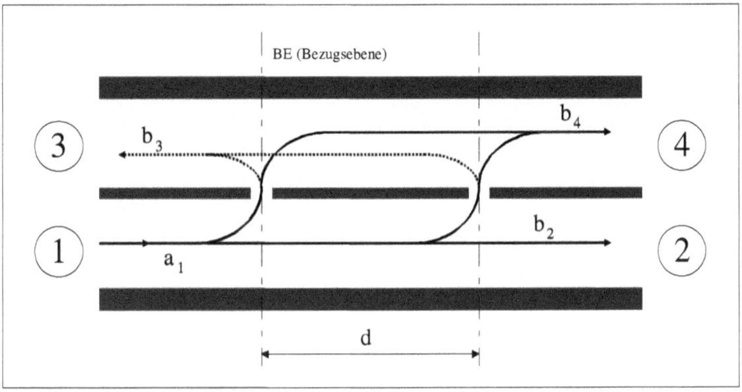

Bild 13 : Schema eines Zweilochrichtkopplers [2]

Hier werden zwei gleiche Wellenleiter (Haupt- und Nebenleitung) durch zwei kleine Löcher im Abstand d miteinander verkoppelt. Bei der Nennfrequenz gilt : $d = {}^{\lambda}/_{4}$. Zu beachten ist, daß λ die Leitungswellenlänge ist, die sich aus

$$\lambda = \frac{\lambda_0}{\sqrt{\varepsilon_r}} = \frac{c_0}{f \cdot \sqrt{\varepsilon_r}} \tag{3-1}$$

mit : c_0 : Lichtgeschwindigkeit ($3 \cdot 10^8$ ${}^{m}/_{s}$)
ε_r : Permittivität der Leitung
f : Frequenz des Signals

ergibt. Bei reflexionsfreiem Abschluß der Tore 2-4 wird eine am Tor 1 eingespeiste Welle a_1 zum einen Teil als eine Welle b_2 am Tor 2 austreten und zu einem anderen Teil durch die beiden Löcher (i = 1, 2) in die Nebenleitung gekoppelt. Dabei ergeben sich Wellen sowohl in Vorwärtsrichtung (b_{vi} zu Tor 4), als auch in Rückwärtsrichtung (b_{ri} zu Tor 3). Die Überlagerung dieser Wellen ergeben die an der Toren 3 und 4 austretenden Wellen b_3 und b_4. Die einzelnen Wellenamplituden sind abhängig von Größe und Gestalt der Koppellöcher, sowie deren Orientierung und Lage relativ zur Feldverteilung in den beiden Leitungen. Sie sind jedoch proportional zur Anregungsamplitude a_1 :

$$b_i \sim a_1 \tag{3-2}$$

mit : i = 2,3,4

Im Idealfall haben die Wellen, bei gleichen Koppellöchern, gleiche Amplituden. Es ergibt sich somit für die Überlagerung (bezogen auf die Bezugsebene BE) :

$$b_3 = b_{r1} + b_{r2} = b_r \cdot \left(1 + e^{-j2\beta d}\right) \tag{3-3}$$

$$b_4 = b_{v1} + b_{v2} = 2b_v e^{-j\beta d} \tag{3-4}$$

Wenn man annimmt, daß die Tore 1 und 3 voneinander entkoppelt sind, verschwindet die Welle b_3, wenn gilt

$$2\beta d = (2n-1) \cdot \pi \qquad \Rightarrow \qquad d = (2n-1) \cdot \frac{\lambda}{4} \tag{3-5}$$

mit : $\beta = {}^{2\pi}/_{\lambda}$

Damit ergibt sich aus Gleichung (3-3) :

$$b_3 = b_{r1} + b_{r2} = b_r \cdot \left(1 + e^{-j2\beta d}\right) = b_r \cdot \left(1 + e^{-j\beta[2n-1]\cdot\frac{\lambda}{4}}\right) = b_r \cdot \left(1 + [-1]\right) = 0 \tag{3-6}$$

Im einfachsten Fall (n = 1) ist d also ${}^{\lambda}/_{4}$. Dann sind auch wegen der Symmetrie und Reziprozität der Anordnung, die Tore 2 und 4 voneinander entkoppelt.
Wenn nun Tor 2 nicht mehr reflexionsfrei abgeschlossen ist, ergibt sich eine hinlaufende Welle (Einspeisung Tor 1) und eine rücklaufende Welle (Reflexion an Tor 2). Es ergibt sich die Proportionalität

$$b_4 \sim a_1 \qquad und \qquad b_3 \sim a_2 \tag{3-7}$$

so daß damit die in entgegengesetzter Richtung laufenden Wellen getrennt gemessen werden können.

Der reale Richtkoppler weist natürlich Dämpfungen auf. In der Praxis werden typischerweise die Werte für die Koppeldämpfung (coupling) a_c und für die Richtdämpfung oder Richtschärfe (directivity) a_d angegeben. Weitere Kennwerte stellen die Sperrdämpfung (isolation) a_s und die Durchgangsdämpfung (insertion loss) a_i dar. Dazu werden die Leistungen an den relevanten Toren bei reflexionsfrei abgeschlossenen Richtkoppler in Beziehung gesetzt. Es ergeben sich die Definitionen :

$$a_c = 10 \cdot \log \frac{P_1}{P_4} = 20 \cdot \log \frac{|a_1|}{|b_4|} \tag{3-8}$$

$$a_d = 10 \cdot \log \frac{P_4}{P_3} = 20 \cdot \log \frac{|b_4|}{|b_3|} \tag{3-9}$$

$$a_s = 10 \cdot \log \frac{P_1}{P_3} = 20 \cdot \log \frac{|a_1|}{|b_3|} \tag{3-10}$$

$$a_i = 10 \cdot \log \frac{P_2}{P_1} = 20 \cdot \log \frac{|b_2|}{|a_1|} \tag{3-11}$$

Typische Werte [2] : $a_c \approx 3 \ldots 30\text{dB}$
$a_d \approx 20 \ldots 50\text{ dB}$
$a_i \approx 1 \ldots 2\text{ dB}$

Wenn man in die Definitionsgleichung für die Richtdämpfung (3-9) die Gleichungen für b_3 und b_4 (3-3) und (3-4) einsetzt, erhält man :

$$\begin{aligned} a_d &= 20 \cdot \log \frac{|2 \cdot b_v \cdot e^{-j\beta d}|}{|b_r \cdot (1 + e^{-j2\beta d})|} = 20 \cdot \log \frac{|b_v|}{|b_r|} + 20 \cdot \log \frac{2 \cdot e^{-j\beta d}}{1 + e^{-j2\beta d}} \\ &= 20 \cdot \log \frac{|b_v|}{|b_r|} + 20 \cdot \log \frac{1}{\frac{1}{2} \cdot e^{j\beta d} + \frac{1}{2} \cdot e^{-j\beta d}} \\ &= 20 \cdot \log \frac{|b_v|}{|b_r|} + 20 \cdot \log \frac{1}{\frac{1}{2}\cos\beta d + j\frac{1}{2}\sin\beta d + \frac{1}{2}\cos\beta d - j\frac{1}{2}\sin\beta d} \\ &= 20 \cdot \log \frac{|b_v|}{|b_r|} + 20 \cdot \log \frac{1}{\cos\beta d} \end{aligned} \tag{3-12}$$

Man kann also deutlich erkennen, daß die Anordnung der Löcher im Abstand d einen ausgeprägten frequenzabhängigen Beitrag zur Richtdämpfung ergibt, der zwischen Null

($d = n \cdot [^{\lambda}/_{2}]$) und Unendlich ($d = (2n-1) \cdot ^{\lambda}/_{4}$) variiert. Die minimale Richtdämpfung wird durch die Richtwirkung $|b_v/b_r|$ der Koppellöcher bestimmt.

Um einen Frequenzbereich, innerhalb dem bestimmte Werte für die Richtschärfe und/oder Koppeldämpfung eingehalten werden sollen, kommen Richtkoppler mit mehreren Koppellöchern (Mehrlochkoppler; Bild 14) oder Koppler mit verteilter Kopplung (Langschlitzkoppler; Bild 15) zum Einsatz. Dabei können Größe und Form der Löcher bzw. des Schlitzes beliebige Werte annehmen, um den Koppler möglichst gut an die gewünschten Eigenschaften anzupassen.

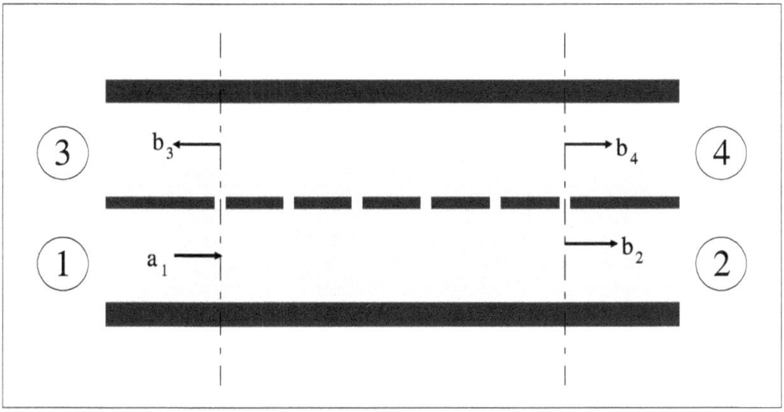

Bild 14 : Mehrloch-Richtkoppler [2]

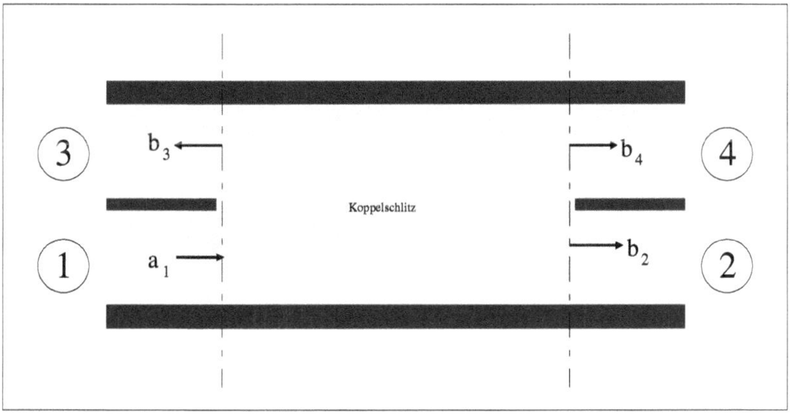

Bild 15 : Langschlitz-Richtkoppler [2]

3.1.1.2 TEM- / Lecherleitung

Bei TEM- oder Lecherleitungen werden Richtkoppler als Streifenleitungskoppler (Bild 16) oder in Koaxialtechnik (Bild 18) realisiert. Dabei werden zwei Leitungen so parallel zueinander geführt, daß sie teilweise gemeinsame elektrische (*E*) und magnetische (*H*) Felder haben (Bild 17). Die gleichzeitige Kopplung über das *E*- und *H*-Feld bewirkt dabei, daß die in die Nebenleitung gekoppelte Leistung in Rückwärtsrichtung transportiert wird, und das in Vorwärtsrichtung liegende Tor ist im Idealfall entkoppelt.
Realisiert werden solche Richtkoppler vor allem durch Verkopplung der Felder von zwei Innenleitern in einem gemeinsamen Außenleiter (Bild 16). Die schematische Darstellung zeigt Bild 17. Wenn der Generator Energie in die Hauptleitung einspeist, gelangt ein Teil davon über den Weg S in die Nebenleitung. Wieviel Energie in die Koppelleitung gelangt wird durch die Entfernung S bestimmt. Je dichter die Leitungen zusammenliegen, desto mehr Energie wird der Hauptleitung entzogen. Der umgekehrte Fall bedeutet, je weiter die Leitungen auseinander liegen, desto weniger Energie wird ausgekoppelt. Daraus läßt sich ableiten, daß bei hohen Koppeldämpfungen (z.B. 20, 30, 40 dB) die Durchgangsdämpfung klein ist, da die Hauptleitung wenig belastet wird, und bei kleinen Koppeldämpfungen (z.B. 6 dB) ist die Durchgangsdämpfung größer.
Damit der Richtkoppler auch wirklich als solcher arbeitet, ist es notwendig die Koppellänge l kleiner oder gleich $\lambda/4$ zu machen. Bekanntlich verändert sich das Impedanzverhalten auf der Leitung in $\lambda/4$-Abständen von kleiner zu hoher Impedanz und umgekehrt. Aufgrund der Tatsache wird bei Speisung von Tor 1 mit Energie diese an Tor 2 um die Durchgangsdämpfung vermindert anliegen.

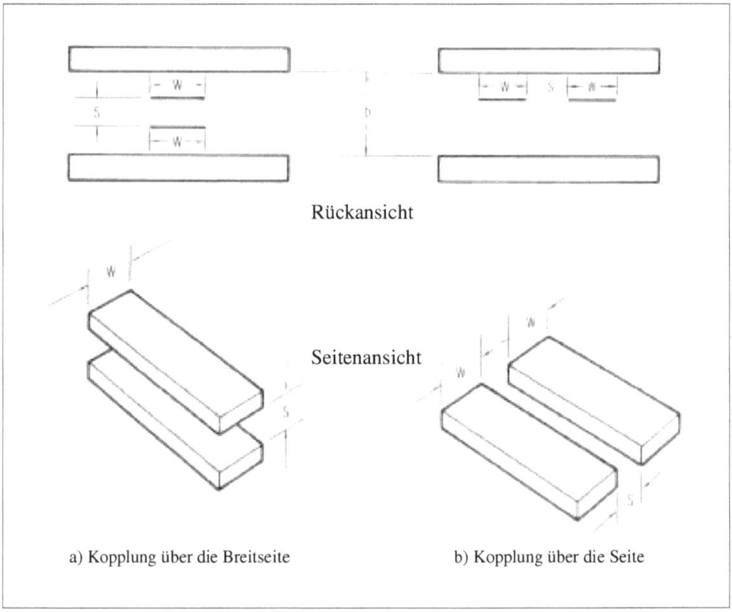

Bild 16 : Richtkoppler in Streifenleitertechnik [6]

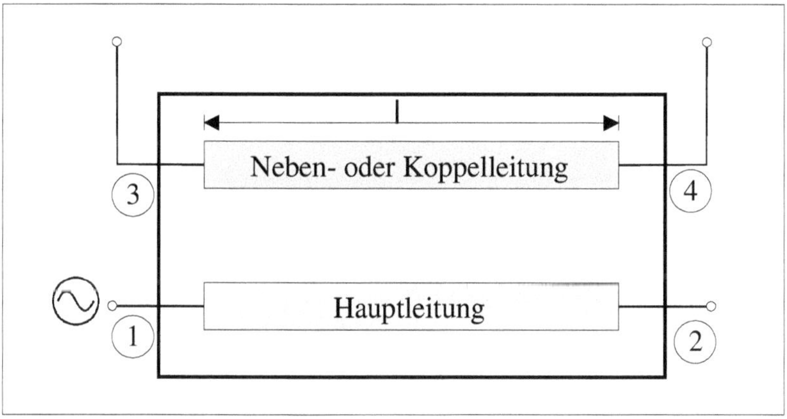

Bild 17 : Schematische Darstellung eines Richtkopplers

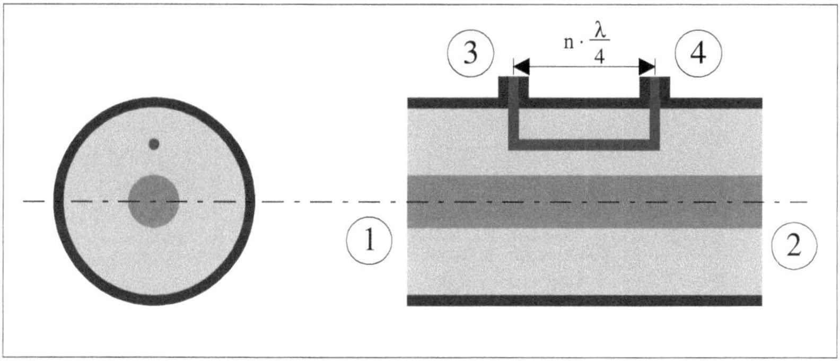

Bild 18 : Richtkoppler in Koaxialleitertechnik

3.1.2 Meßempfänger

Die Aufgabe eines Meßempfängers im Hochfrequenzbereich besteht im allgemeinsten Sinne darin, das Existieren einer Spannung oder Leistung an einem Meßobjekt oder auf einer Leitung nachzuweisen, bzw. dessen Größe zu ermitteln. Es ist nun zu unterscheiden zwischen einer Messung an einem Meßobjekt (direkte Messung) und einer Messung auf einer Leitung (Durchgangsmessung).

3.1.2.1 Direkte Messung

Dazu kommen in der Regel Dioden-Detektoren zum Einsatz. Sie verwenden fast ausschließlich Schottky-Dioden (Hot-carrier-Dioden). Die eingehende HF-Leistung wird gleichgerichtet und es kann eine dazu proportionale Spannung abgegriffen werden.

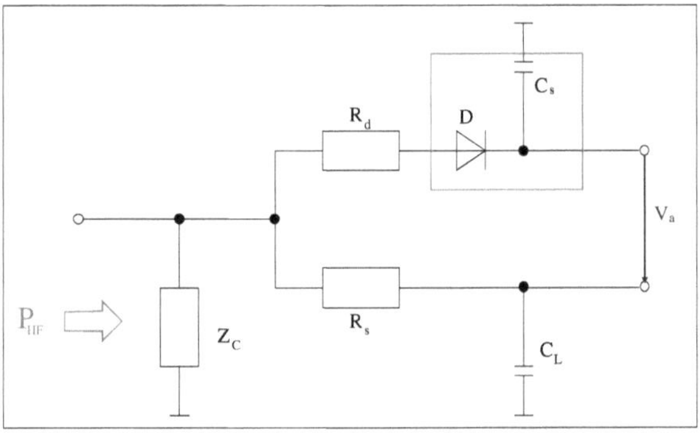

Bild 19 : Einfaches Detektorschaltbild [4]

Die prinzipielle Funktionsweise ist in Bild 19 dargestellt. Der eigentliche Gleichrichter besteht aus der Diode D und dem Ladekondensator C_L, wobei hier die Meßspannung V_a nicht massebezogen, sondern gegen den Ausgang des Siebgliedes R_s/C_s abgegriffen wird. Dadurch ist ein Trennkondensator zur Abblockung einer überlagerten Gleichspannung überflüssig. Solche Detektoren haben eine Kennlinie, die vor dem eigentlichen Meßeinsatz ermittelt werden muß. Es wird eine definierte Leistung bzw. Spannung eingespeist, und das am Detektorausgang angeschlossenen Spannungsmeßgerät liefert die dazu proportionale Spannung.

3.1.2.2 Durchgangsmessung

Bei dieser Messung wird entlang einer Leitung ein kleiner Teil der auf der Leitung transportierten Leistung ausgekoppelt. In der Koaxialtechnik kommen Meßköpfe mit sehr kleiner Durchgangsdämpfung zum Einsatz.

3.2 Arbeitsweise und Aufbau des Sechstor-Meßplatzes

Durch den Einsatz von realen Bauelementen (Richtkoppler, Meßsonden und -geräte, auch Zuleitungen und Verbindungsstücke) ergeben sich Störeinflüsse. Diese beinhalten im Wesentlichen Reflexionen von den angeschlossenen Zuleitungen und Meßgeräten, da diese real nie ganz genau dem Wellenwiderstand der Leitung angepaßt sind. Deshalb ist es notwendig den Meßaufbau zu kalibrieren, um diese Störungen mit in die Messung einzubeziehen. Da alle verwendeten Geräte und Bauelemente frequenzabhängig sind, gilt

eine Kalibrierung auch nur für eine Frequenz, da sonst bei Frequenzänderung die erhaltenen Meßwerte zunehmend ungenau werden.
Es gibt zwei unterschiedliche Methoden eine Sechstormessung durchzuführen. Der Aufbau, die Kalibrierung und die Messung werden im Folgenden erläutert.

3.2.1 Methode 1 (Messung mit zwei Richtkopplern und zwei Meßsonden)

3.2.1.1 Aufbau und Arbeitsweise

Bei dieser Art der Reflexionsfaktorermittlung werden zwei Richtkoppler und zwei ortsfeste Sonden mit bekannten Abstand vom Leitungsende (Bezugsebene) verwendet. Bild 20 zeigt eine Prinzipdarstellung des Meßplatzaufbaus.
Die beiden Richtkoppler (Tor 3 und Tor 4) werden verwendet, um die hin- und rücklaufende Welle getrennt zu ermitteln. Die Quadrate der angezeigten Spannungswerte sind dann proportional zu der jeweiligen Welle, und damit auch proportional zur Leistung (siehe Gleichung (2-20) Seite 7). Dadurch kann der Betrag des Reflexionsfaktors bestimmt werden.
Die Meßsonden an Tor 5 und Tor 6 werden für die Bestimmung des Phasenwinkels benötigt.

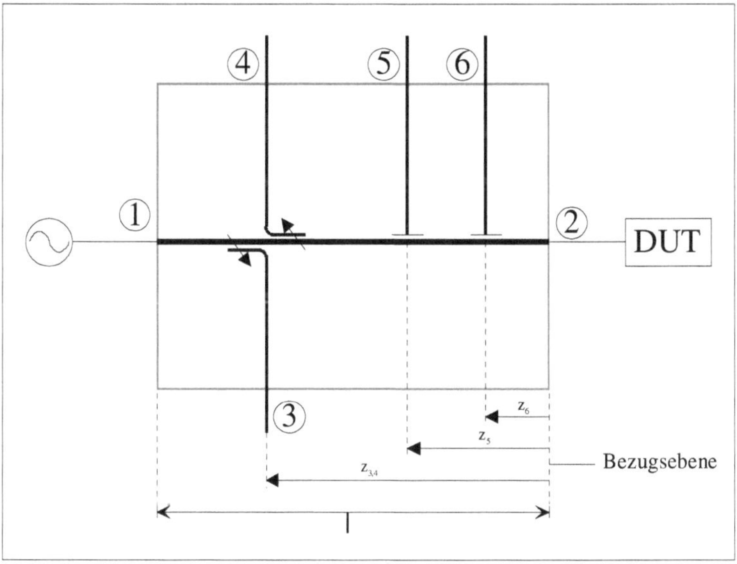

Bild 20 : Schematischer Aufbau eines Sechstormeßplatzes der Methode 1

Die Richtkoppler koppeln einen Teil der jeweiligen Welle aus, so daß sich Proportionalitäten der gelieferten Spannungswerte zu den Quadraten der Wellenamplituden ergeben :

$$V_3^2 \sim |\underline{b}_2|^2 \quad \text{(hinlaufende Welle / incident wave)}$$

(3-13)

$$V_4^2 \sim |\underline{a}_2|^2 \quad \text{(rücklaufende oder reflektierte Welle / reflected wave)}$$

(3-14)

Alle erhaltende Spannungswerte werden mit dem Wert der hinlaufenden Welle normiert und es wird eine Kalibrierkonstante k_1 eingeführt. Es folgt also :

$$\frac{V_4^2}{V_3^2} = k_1 \cdot \frac{|\underline{a}_2|^2}{|\underline{b}_2|^2} = k_1 \cdot \rho^2$$

(3-15)

Die Meßsonden liefern einen Spannungswert an einer bestimmten Stelle z = l-x der Leitung. Es ergeben sich folgende Proportionalitäten :

$$V_5^2 \sim |\underline{a}_2 \cdot e^{-j\beta z_5} + \underline{b}_2 \cdot e^{j\beta z_5}|^2$$

(3-16)

$$V_6^2 \sim |\underline{a}_2 \cdot e^{-j\beta z_6} + \underline{b}_2 \cdot e^{j\beta z_6}|^2$$

(3-17)

Nach der Normierung und Einführung der Konstanten k_2 und k_3 :

$$\frac{V_5^2}{V_3^2} \sim \frac{|\underline{a}_2 \cdot e^{-j\beta z_5} + \underline{b}_2 \cdot e^{j\beta z_5}|^2}{|\underline{b}_2|^2} = k_2 \cdot |\underline{\Gamma} + e^{j2\beta z_5}|^2$$

(3-18)

$$\frac{V_6^2}{V_3^2} \sim \frac{|\underline{a}_2 \cdot e^{-j\beta z_6} + \underline{b}_2 \cdot e^{j\beta z_6}|^2}{|\underline{b}_2|^2} = k_3 \cdot |\underline{\Gamma} + e^{j2\beta z_6}|^2$$

(3-19)

Unter der Annahme, daß das Tor 2 direkt an der Meßsonde für V_6 liegt (d.h. $z_6 = 0$), vereinfacht sich die Gleichung (3-19) :

$$\frac{V_6^2}{V_3^2} = k_3 \cdot |\underline{\Gamma} + 1|^2$$

(3-20)

3.2.1.2 Bestimmung der Kalibrationskonstanten

Nun werden Kalibriermessungen durchgeführt, um alle auftretenden Störungen in die spätere Messung mit einzubeziehen. Dazu wird der Vorgang der Reflexionsfaktormessung umgedreht. Es werden bekannte, leicht zu realisierende Abschlüsse verwendet, um die Kalibrationskonstanten zu bestimmen. Dazu dienen die Abschlüsse Leerlauf, Anpassung und Kurzschluß.
Es sei nocheinmal erwähnt, daß dieser Vorgang nur für eine Frequenz gültig ist. Soll die Messung für andere Frequenzen gelten, muß für jede Frequenz eine neue Kalibrierung des Meßplatzes durchgeführt werden.

Die Konstante k_1 wird unter Verwendung eines Kurzschlusses ($\underline{\Gamma}$ = -1) oder Leerlaufs ($\underline{\Gamma}$ = +1) bestimmt. In den meisten Fällen wird man den Kurzschluß wählen, da dieser in der Praxis besser und genauer herstellbar ist als der Leerlauf. An Tor 2 wird nun der Kurzschluß installiert, und es wird der Wert für k_1 durch Ablesen der Spannungswerte an Tor 3 und 4 berechnet :

$$k_1 = \left.\frac{V_4^2}{V_3^2}\right|_{\rho=1}$$

(3-21)

Die Konstanten k_2 und k_3 werden bei Anpassung ($\underline{\Gamma}$ = 0) ermittelt. An Tor 2 wird ein Abschlußwiderstand installiert, der genauso groß ist wie der Wellenwiderstand der Leitung (z.B.: in der Koaxialleitertechnik meistens 50Ω). Es werden die Spannungswerte an den Toren 3, 5 und 6 abgelesen, und die beiden Konstanten können berechnet werden:

$$k_2 = \left.\frac{V_5^2}{V_3^2}\right|_{\Gamma=0} \qquad k_3 = \left.\frac{V_6^2}{V_3^2}\right|_{\Gamma=0}$$

(3-22)

Mit diesen erhaltenen Werten für die Kalibrierkonstanten kann nun ein Meßobjekt mit unbekanntem Reflexionsfaktor an Tor 2 angeschlossen werden. Der gesuchte komplexe Wert wird nun grafisch in der Reflexionsfaktorebene ermittelt.

3.2.1.3 Bestimmung des komplexen Reflexionsfaktor

Aus der Gleichung (3-15)

$$\frac{V_4^2}{V_3^2} = k_1 \cdot \frac{|\underline{a}_2|^2}{|\underline{b}_2|^2} = k_1 \cdot \rho^2$$

ergibt sich für den Betrag des gesuchten Reflexionsfaktors :

$$\rho^2 = \frac{1}{k_1} \cdot \frac{V_4^2}{V_3^2} \qquad \mapsto \qquad \rho = \sqrt{\frac{1}{k_1} \cdot \frac{V_4^2}{V_3^2}} \tag{3-23}$$

Das ergibt einen Kreis mit dem Radius ρ um den Mittelpunkt in der Reflexionsfaktorebene (Bild 21).

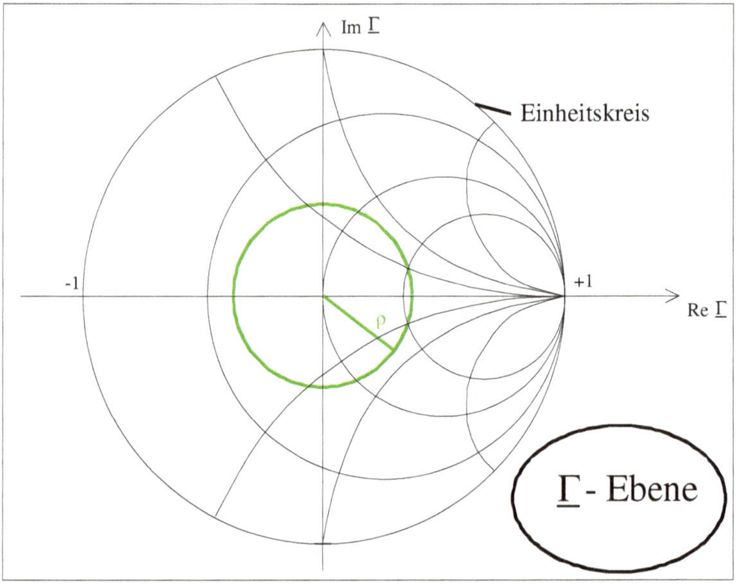

Bild 21 : 1. Kreis zur Reflexionsfaktorermittlung

In gleicher Weise wird mit Gleichung (3-20) verfahren :

$$\frac{V_6^2}{V_3^2} = k_3 \cdot \left|\underline{\Gamma} + 1\right|^2 \qquad \mapsto \qquad \left|1 + \underline{\Gamma}\right| = \sqrt{\frac{1}{k_3} \cdot \frac{V_6^2}{V_3^2}}$$

(3-24)

Aus dem Kalibriervorgang ist bekannt, daß für $V_6 = 0$ der Reflexionsfaktor den Wert -1 hat. Es handelt sich daher hier um einen Kreis mit dem Radius $|1+\underline{\Gamma}|$ um den Mittelpunkt -1 (Bild 22).

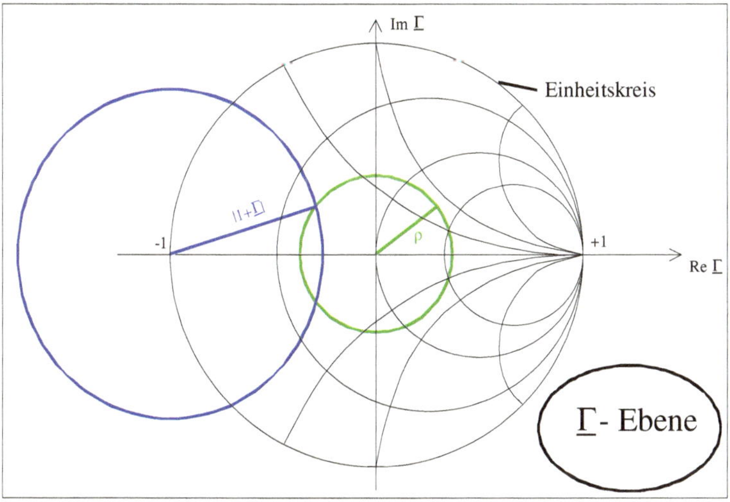

Bild 22 : 2. Kreis zur Reflexionsfaktorermittlung

Es ergeben sich zwei Schnittpunkte mit dem Betragskreis. Um den relevanten Schnittpunkt herauszufinden, und um damit die Phasenlage des Reflexionsfaktors zu erhalten, dient nun ein dritter Kreis, der sich analog zu den anderen aus der Gleichung (3-18) ergibt :

$$\frac{V_5^2}{V_3^2} = k_2 \cdot \left|\underline{\Gamma} + e^{j2\beta z_5}\right|^2 \qquad \mapsto \qquad \left|\underline{\Gamma} + e^{j2\beta z_5}\right| = \sqrt{\frac{1}{k_2} \cdot \frac{V_5^2}{V_3^2}}$$

(3-25)

Der Kreismittelpunkt ist um $2\beta z_5$ auf dem Einheitskreis von 1 verschoben (Bild 23).

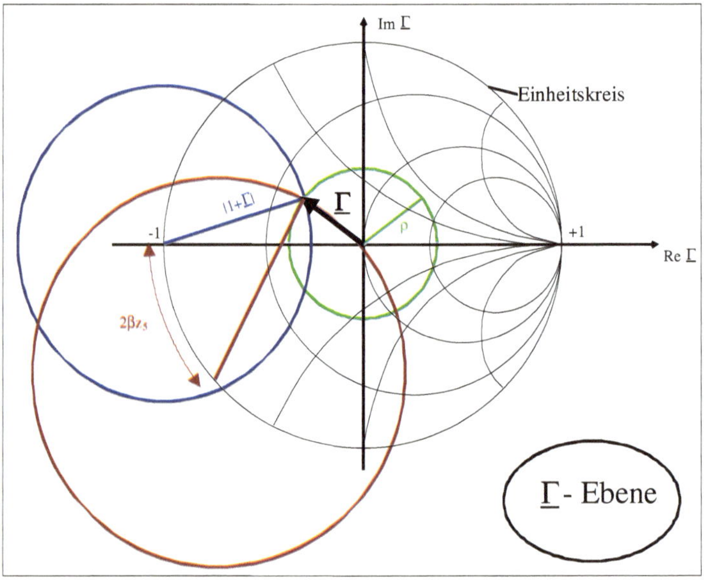

Bild 23 : 3. Kreis zur Reflexionsfaktorbestimmung

Der gesuchte Reflexionsfaktor ist nun nach Betrag und Phase eindeutig bestimmt. Würde man ein Smith-Diagramm verwenden, wie in den obigen Bildern angedeutet, könnte man auch die zugehörige normierte Impedanz sofort ablesen. Im realen Fall ist es unwahrscheinlich, daß sich die drei Kreise **genau** in einem Punkt treffen. Die Gründe dafür liegen zum einen in der (Un-)Genauigkeit der Kalibrierung. Es werden bei dieser Methode zwei Konstanten (k_2 und k_3) mit der Anpassung als Abschluß bestimmt. Es wird angenommen, daß das angeschlossene Kalibriernormal genau den Reflexionsfaktor Null hat. Dabei treten Fragen auf :

- wie genau wird der Wellenwiderstand von der Leitung eingehalten ?
- wie genau ist der Anpassungswiderstand dem Wellenwiderstand der Leitung angepaßt?

Eine ähnliche Frage ergibt sich bei der Kalibrierung mit dem Kurzschluß. Wie genau ist das Kalibriernormal ?
Im Verlauf dieser Messung wurde eine Vereinfachung getroffen. Es wurde angenommen, daß sich die Meßsonde für V_6 genau an der Meßebene befindet, damit z_6 Null wird. Das ist jedoch nicht einfach zu realisieren. Hat z_6 einen endlichen Wert, so verschiebt sich auch dieser Kreismittelpunkt um $2\beta z_6$ auf dem Einheitskreis.

3.2.1.4 Schlußfolgerung und Bestimmung der Meßungenauigkeit

Es ergeben sich im Regelfall mehrere Schnittpunkte. Dabei können generell vier Fälle auftreten, wie in Bild 24 dargestellt.

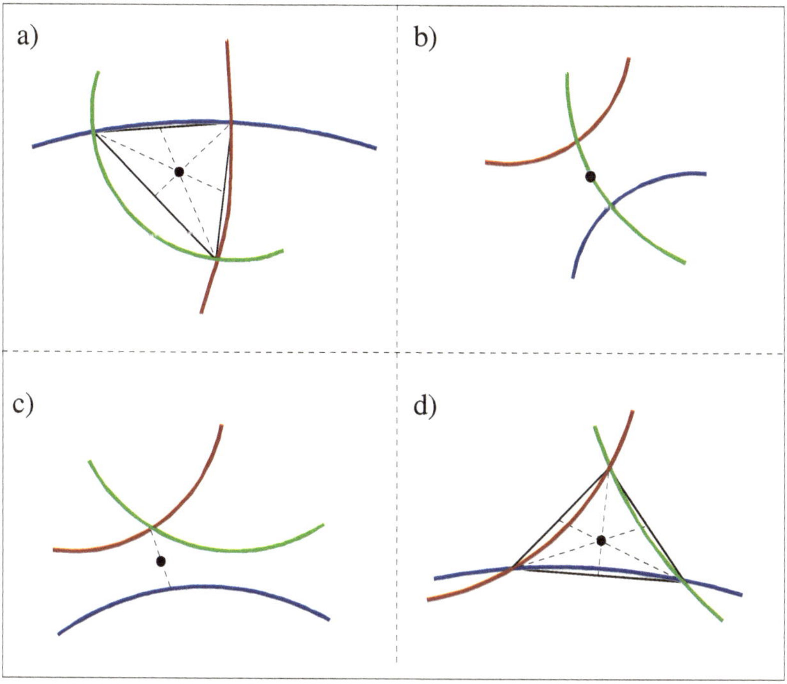

Bild 24 : Mögliche Kreisschnittpunkte

Im Fall a) und d) wird als Meßergebnis der Schwerpunkt des Dreiecks (auch: Fehler-Dreieck ; Error-Triangle), das durch die drei Schnittpunkte gebildet wird, festgehalten.
Im Fall b) wird die Mitte zwischen den beiden Schnittpunkten als Ergebnis gewertet, und im Fall c) wird die Mitte des Abstandes zwischen Schnittpunkt und drittem Kreis als Ergebnis notiert.
Da diese Ergebnisse durch Meßunsicherheiten hervorgerufen werden, können nun Toleranzkreise gezogen werden, in denen sich der reale Reflexionsfaktor befindet. Im Fall a) und d) wird der Abstand zwischen dem angenommenen Reflexionsfaktor und dem davon am weitesten entfernten Schnittpunkt als Radius für den Fehlerkreis genommen (Bild 25). In den Fällen b) und c) wird mit dem Abstand Reflexionsfaktor - Schnittpunkt als Radius ein Kreis gezogen (Bild 25).

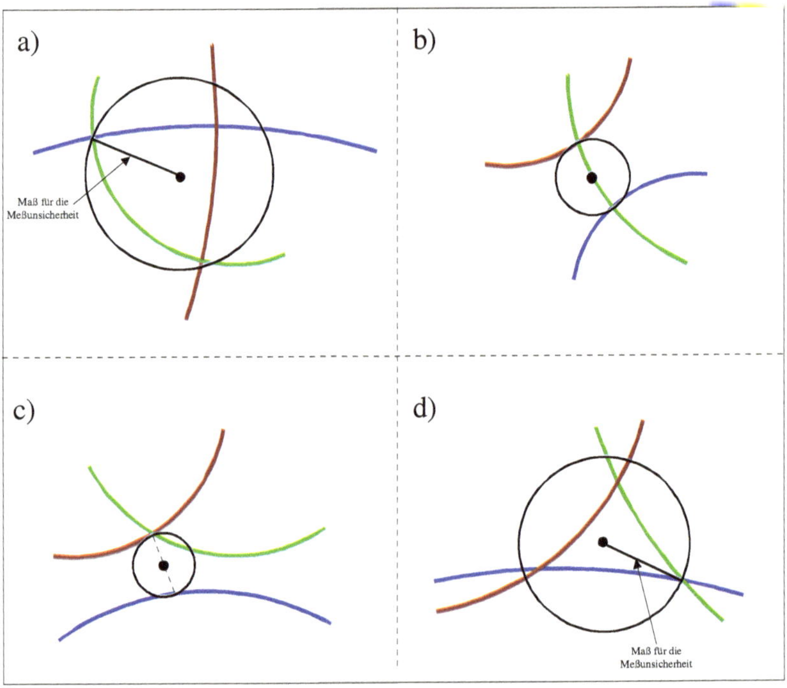

Bild 25 : Fehlerbetrachtung

Um den Toleranzbereich nun auch angeben zu können, wird für die Betragstoleranz der Radius des Fehlerkreises angegeben. Für die Phasentoleranz werden Tangenten an den Fehlerkreis gelegt, die den Ursprung der Reflexionsfaktorebene schneiden (Bild 26 und Bild 27). Der Wert der Phasenwinkeltoleranz ergibt sich aus dem Winkel zwischen einer Tangente und dem Reflexionsfaktoreintrag.

Als Ergebnis läßt sich dann festhalten :

$$\underline{\Gamma} = (\rho \pm \Delta\rho) \cdot e^{j(\Phi \pm \Delta\Phi)} \tag{3-26}$$

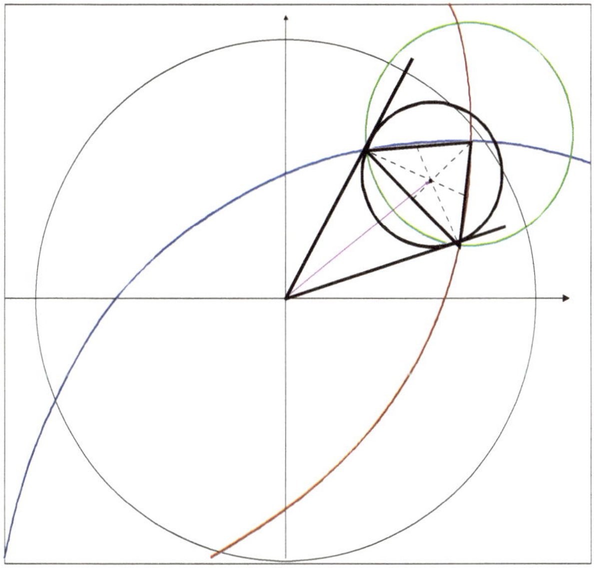

Bild 26 : Ermittlung der Toleranzen

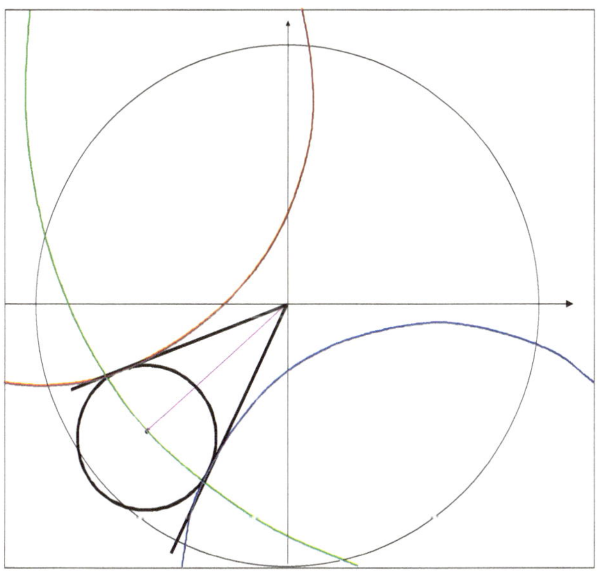

Bild 27 : Ermittlung der Toleranzen

3.2.2 Methode 2 (Messung mit einem Richtkoppler und drei Meßsonden)

3.2.2.1 Aufbau und Arbeitsweise

Bei diesem Aufbau (Bild 28) werden ein Richtkoppler und drei ortsfeste Sonden mit bekannten Abstand vom Leitungsende (Bezugsebene) verwendet.
Zunächst werden mehrere Kalibrierkonstanten ermittelt. Dazu werden vier bekannte Leitungsabschlüsse als Kalibriernormale verwendet. Drei lassen sich relativ einfach durch Kurzschluß, Leerlauf und Anpassung realisieren. Das vierte Kalibrienormal kann beliebig sein. Dessen Reflexionsfaktor muß aber in Betrag und Phase bekannt sein. Dazu kommt oft ein "phasenverdrehter Kurzschluß" zum Einsatz. Das kann ein um ein Stück Leitung verlängerter Kurzschluß sein.

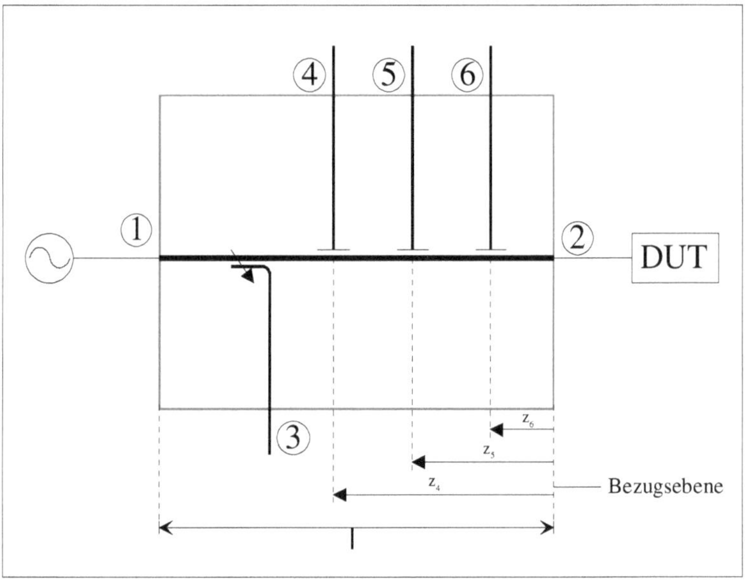

Bild 28 : Schematischer Aufbau eines Sechstormeßplatzes der Methode 2

3.2.2.2 Kalibrierung des Sechstors

Es werden nacheinander die vier Kalibriernormale an Tor 2 angeschlossen und die Meßwerte an den Toren 3 bis 6 abgelesen. Im Folgenden wird der Kurzschluß ($\underline{\Gamma} = -1$) als Kurzschluß 1 bezeichnet, und der "verlängerte Kurzschluß" als Kurzschluß 2. Da Tor 3 die hinlaufende Welle repräsentiert, werden die Spannungen an den Toren 4 bis 6 damit normiert, und es ergeben sich für die Tore 4 bis 6 die Werte für K_1, L, A und K_2 (s. Tabelle 1).

	$\frac{V_4}{V_3}$	$\frac{V_5}{V_3}$	$\frac{V_6}{V_3}$
Kurzschluß 1	$K_{14} = \frac{V_{4_{K1}}}{V_{3_{K1}}}$	$K_{15} = \frac{V_{5_{K1}}}{V_{3_{K1}}}$	$K_{16} = \frac{V_{6_{K1}}}{V_{3_{K1}}}$
Leerlauf	$L_4 = \frac{V_{4_L}}{V_{3_L}}$	$L_5 = \frac{V_{5_L}}{V_{3_L}}$	$L_6 = \frac{V_{6_L}}{V_{3_L}}$
Anpassung	$A_4 = \frac{V_{4_A}}{V_{3_A}}$	$A_5 = \frac{V_{5_A}}{V_{3_A}}$	$A_6 = \frac{V_{6_A}}{V_{3_A}}$
Kurzschluß 2	$K_{24} = \frac{V_{4_{K2}}}{V_{3_{K2}}}$	$K_{25} = \frac{V_{5_{K2}}}{V_{3_{K2}}}$	$K_{26} = \frac{V_{6_{K2}}}{V_{3_{K2}}}$

Tabelle 1 : Sechtor-Kalibrierkonstanten

Als nächste relevante Größe wird der Maßstabsfaktor Θ eingeführt Dazu werden die in Tabelle 1 ermittelten Konstanten für Kurzschluß 1, Leerlauf und Anpassung benötigt. Diese normierten Spannungswerte stellen in der $\underline{\Gamma}/_\Theta$ - Ebene Kreisradien dar. In dieser Ebene werden um die markanten Punkte für Kurzschluß, Leerlauf und Anpassung für jedes Tor Kreisradien entsprechend der Meßwerte gezogen. Diese Kreise würden für jedes Meßtor zwei Schnittpunkte M und M' ergeben. Für die Ermittlung des Maßstabsfaktors eines jeden Tores ist es nicht relevant wo dieser Punkt liegt, da nur die Werte für K_1, L und A und nicht deren Lage benötigt werden. Ein mögliches Ergebnis für ein Tor zeigt Bild 29. Die Länge der roten Linie entspricht einem K_1-Wert eines Tores, die Länge der blauen Linie entspricht einem L-Wert des gleichen Tores und die Länge der grünen Linie entspricht dem A-Wert desselben Tores.

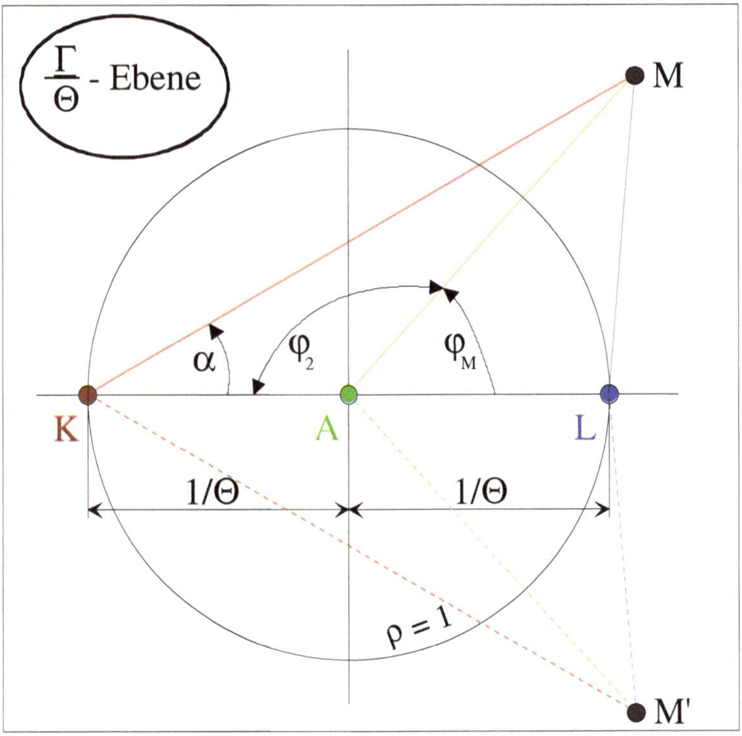

Bild 29 : Veranschaulichung zur Ermittlung von Kalibrierpunkten [V2]

Mit Bild 29 und unter Verwendung des Kosinussatzes

$$a^2 = b^2 + c^2 - 2bc\cos\alpha$$

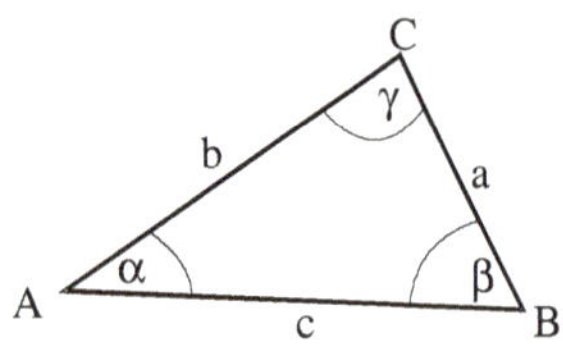

läßt sich die Formel für den Maßstabsfaktor herleiten. Für die Herleitung sind die Indizes zwecks Übersichtlichkeit weggelassen worden, da die Gleichungen für jedes Tor gleich sind.

$$\Delta_{KL\frac{2}{\Theta}} \quad : \quad L^2 = K^2 + \left(\frac{2}{\Theta}\right)^2 - 2K\frac{2}{\Theta}\cos\alpha \tag{3-27}$$

$$\Delta_{KA\frac{1}{\Theta}} \quad : \quad A^2 = K^2 + \left(\frac{1}{\Theta}\right)^2 - 2K\frac{1}{\Theta}\cos\alpha$$

(3-28)

Gleichung (3-28) wird mit 2 multipliziert und von Gleichung (3-27) abgezogen :

$$\Rightarrow \qquad L^2 - 2A^2 = -K^2 + 2\left(\frac{1}{\Theta}\right)^2 \qquad \Leftrightarrow \qquad \Theta = \sqrt{\frac{2}{L^2 + K^2 - 2A^2}}$$

(3-29)

Mit Wiedereinführung der Torbezeichnungen erhält man für die Tore 3 - 5 je einen Maßstabsfaktor :

$$\boxed{\Theta_j = \sqrt{\frac{2}{L_j^2 + K_{1j}^2 - 2A_j^2}}}$$

(3-30)

mit :

j : Tornummer (3, 4, 5)

Um eine Darstellung in der Reflexionsfaktorebene zu erhalten, müssen die K_{1j}-, L_j-, A_j- und K_{2j}-Werte aus Tabelle 1 mit dem jeweils zugehörigen Maßstabsfaktor Θ_j multipliziert werden, und es ergeben sich die Werte K_{1j}', L_j', A_j' und K_{2j}. Das sind Radien, die um die jeweiligen Punkte des Einheitskreises (Kurzschluß, Leerlauf, Anpassung) in der Reflexionsfaktorebene gezogen werden. Es ergeben sich je zwei Schnittpunkte M_j und M_j'. Dieses sind Kreismittelpunkte, die für die eigentliche Messung relevant sind. Ein mögliches Ergebnis für ein Tor zeigt Bild 30.

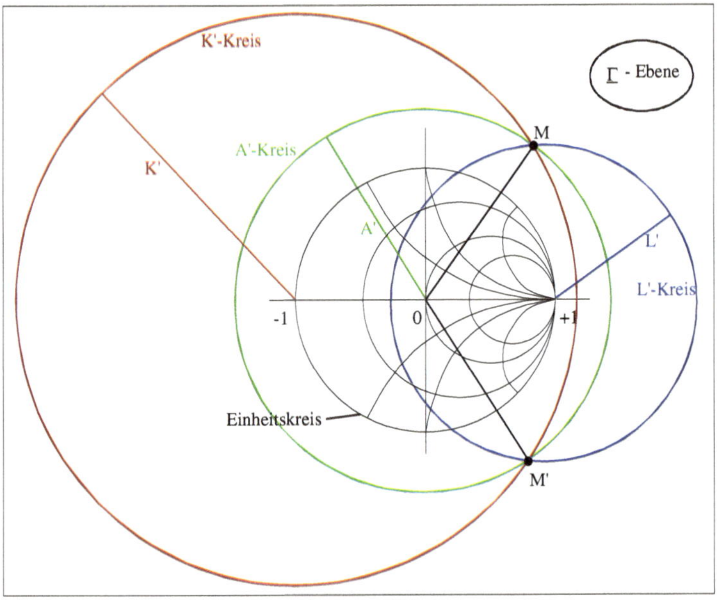

Bild 30 : Kalibrierkreise

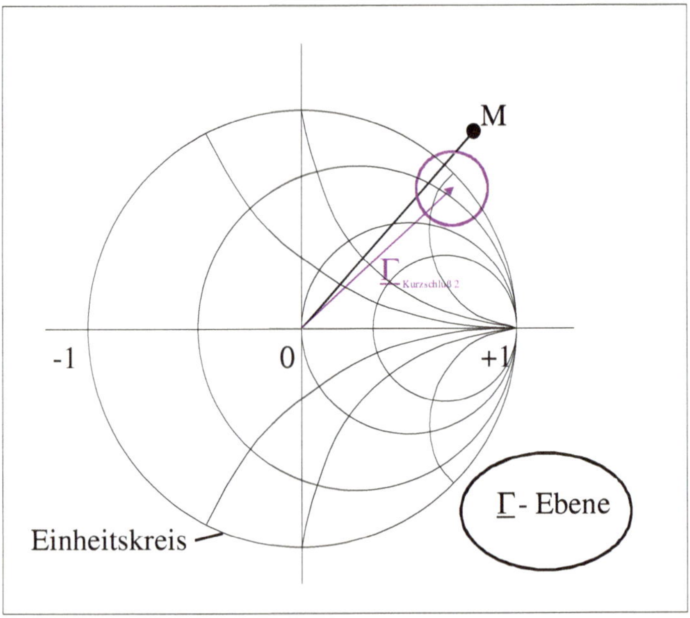

Bild 31 : Ein möglicher Kreismittelpunkt für ein Tor

Zur Bestimmung des relevanten Punktes dient die Messung des Kurzschlusses 2. Er wird in der Reflexionsfaktorebene eingetragen. Um diesen Punkt wird ein Kreis mit dem oben ermittelten Radius K'_{2i} gezogen. Der Punkt M oder M', der diesem Kreis am nächsten liegt, ist dann der relevante Kreismittelpunkt (Bild 31).

So ergeben sich für die Tore 3, 4 und 5 jeweils ein Kreismittelpunkt (Bild 32). Diese werden in die Reflexionsfaktorebene eingetragen und stellen die Grundlage für die eigentlichen Messungen dar. Der Sechstormeßplatz ist nun für eine Frequenz kalibriert.

3.2.2.3 Durchführung von Reflexionsfaktormessungen

Eine mögliche Kreismittelpunktverteilung zeigt Bild 32. Die Lage der Punkte hängt von der Beschaffenheit des Sechstor-Netzwerkes ab. Nun kann die eigentliche Messung beginnen.

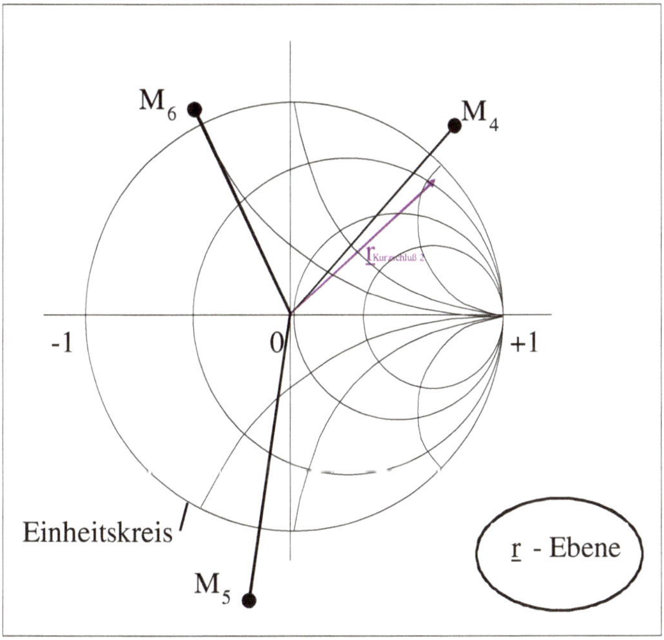

Bild 32 : Beispiel der Kreismittelpunktverteilung

An Tor 2 kann nun ein Meßobjekt mit unbekanntem Reflexionsfaktor angeschlossen werden. Die Meßwerte an den Toren 4-6 werden mit dem Meßwert an Tor 3 normiert und mit dem jeweiligen Maßstabsfaktor Θ_j multipliziert. Das Ergebnis sind Kreisradien R_j.

$$R_4 = \frac{V_4}{V_3} \cdot \Theta_4 \qquad R_5 = \frac{V_5}{V_3} \cdot \Theta_5 \qquad R_6 = \frac{V_6}{V_3} \cdot \Theta_6 \tag{3-31}$$

Diese Radien werden um die jeweiligen Kreismittelpunkte M_j gezogen und sie schneiden sich bei idealen Bedingungen in einem Punkt. Dieser Punkt entspricht dann dem gesuchten Reflexionsfaktor (s. Bild 33)

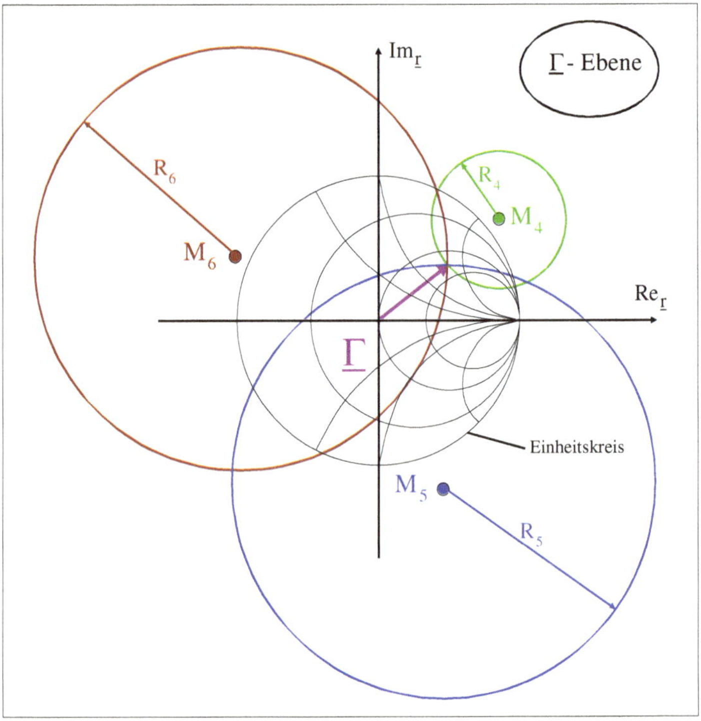

Bild 33 : Mögliches Ergebnis einer Reflexionsfaktormessung

3.2.2.4 Schlußfolgerung

Auch hier schneiden sich im Realfall die Kreise nicht in genau einem Punkt. Die Störeinflüsse und die Auswertung der Meßungenauigkeiten entsprechen denen, wie unter 3.2.1.4 beschrieben.

3.3 Abarten und Abwandlungen der Sechstormethode

Man kann die Sechstormeßmethode zwecks Verbesserung der Meßunsicherheiten noch erweitern. Dazu lassen sich sogenannte 7-Tore, 8-Tore, usw. einsetzen. Es werden dort weitere Messungen auf der Leitung gemacht. Das hat zur Folge, daß es pro Messung einen weiteren Kalibrierkreis gibt. Somit werden die Meßunsicherheiten minimiert.

Desweiteren läßt sich ein Dual-Sechsport-Meßplatz realisieren, mit dem es auch möglich ist die Transmissionsfaktoren zu messen. Dabei wird das Meßobjekt an beiden Seiten von je einem Sechstor-Reflektometer gespeist.

4 Vergleichende Messung an einem Sechstor-Reflektometer und Netzwerkanalyser

4.1 Aufbau des Sechstor-Meßplatzes

Der hier verwendete Meßaufbau arbeitet nach dem unter 3.2.2 [Methode 2 (Messung mit einem Richtkoppler und drei Meßsonden)] beschriebenen Prinzip. Dazu kommen folgende Geräte zum Einsatz :

- 1 Generator Rhode & Schwarz SMH
- 3 Millivoltmeter Rhode & Schwarz URV 55
- 3 HF-Meßköpfe Rhode & Schwarz URV-Z2
- 1 Detektor HP
- 1 Multimeter
- 1 Richtkoppler
- Kalibrierset von Rhode & Schwarz (Kurzschluß, Leerlauf, Anpassung, Durchgang)

Der Versuchsaufbau ist hier in 50Ω-Koaxialtechnik aufgebaut (Bild 34).

Bild 34 : Labor-Aufbau

4.1.1 Durchführung der Messung

Eine schematische Darstellung des Laborplatzes zeigt Bild 35.

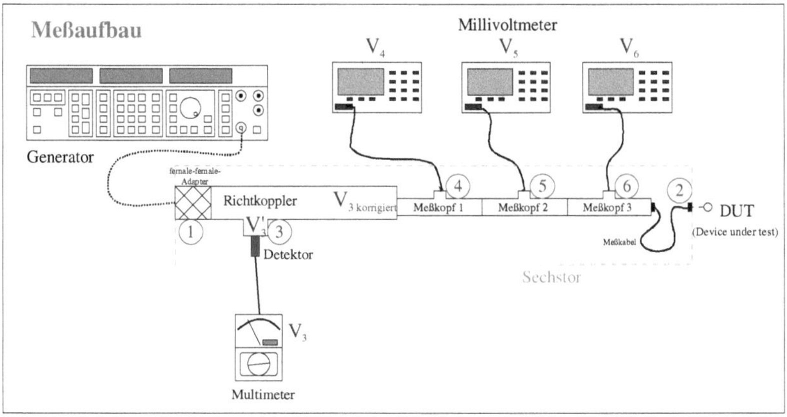

Bild 35 : Schematischer Sechstormeßplatz-Aufbau

Da hier ein Richtkoppler in Verbindung mit einem Detektor zum Einsatz kommen, müssen zunächst deren Kennwerte aufgenommen werden. Das ist notwendig, damit später der Wert für die hinlaufende Welle (hier : $V_{3\ korrigiert}$) ermittelt werden kann. Für den Richtkoppler muß der Koppelfaktor bestimmt werden. Dazu wird der Aufbau aus Bild 36 verwendet.

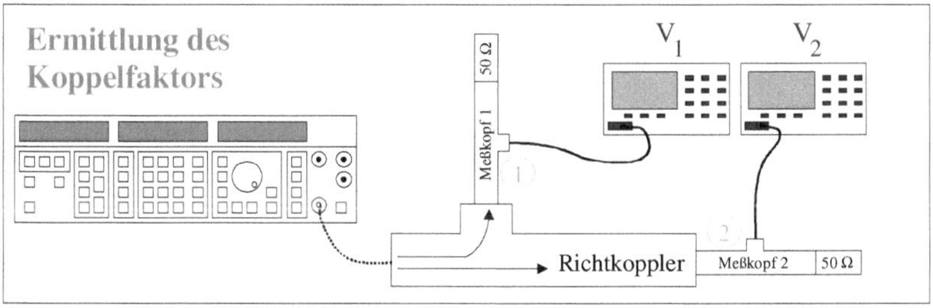

Bild 36 : Meßaufbau zur Ermittlung des Koppelfaktors

Am Generator wird die Meßfrequenz und -amplitude eingestellt. Der Koppelfaktor ergibt sich dann :

$$k = \frac{V_2}{V_1} \tag{4-1}$$

Ferner muß die Detektorkennlinie aufgenommen werden. Dazu wird der Aufbau aus Bild 37 verwendet.

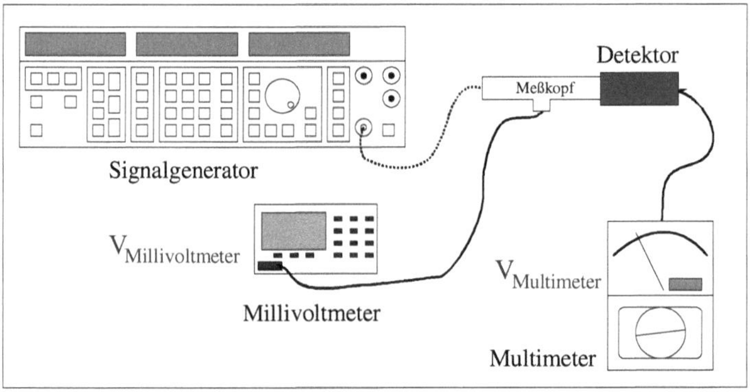

Bild 37 : Meßaufbau zur Ermittlung der Detektorkennlinie

Es wird am Generator, bei Meßfrequenz, eine Spannung eingestellt, die stufenweise erhöht wird, um die Abhängigkeit zwischen Detektoreingang (Millivoltmeter) und Detektorausgang (Multimeter) zu erhalten.

Nun kann der Meßaufbau aus Bild 35 kalibriert werden. Es werden an die Meßleitung (Tor 2) nacheinander die Abschlüsse Kurzschluß1, Leerlauf, Anpassung und Kurzschluß2 angeschlossen. Dabei zeigt das Multimeter den Wert V_3 an. Aus der ermittelten Detektorkennlinie erhält man den Wert V_3', der mit dem Koppelfaktor multipliziert wird, um den Spannungswert für die hinlaufende Welle $V_{3\ korrigiert}$ zu erhalten. Zusammen mit den Meßwerten der Tore 4 bis 6 kann das Sechstor nun, wie unter 3.2.2.2 beschrieben, kalibriert werden. Die so erhaltenden Kalibrierpunkte werden dann für die eigentliche Messung, wie unter 3.2.2.3 beschrieben, verwendet.

Zur Aufnahme von Meßwerten kommen sechs verschiedene Abschlüsse zum Einsatz. Sie werden nacheinander an das Meßtor angeschlossen, und die erhaltenen Meßergebnisse werden ausgewertet.

Als Beispiel und zur Veranschaulichung wird hier die Ermittlung des Reflexionsfaktors vom Meßobjekt 4 angeführt. Mit den Meßwerten und den Maßstabsfaktoren der Tore 4 bis 6 ergaben sich folgende Radien um die Kalibrierpunkte :

$$R_4 = \frac{V_4}{V_3} \cdot \Theta_4 = \frac{1300mV}{968mV} \cdot 1{,}32 = 1{,}77$$

$$R_5 = \frac{V_5}{V_3} \cdot \Theta_5 = \frac{375mV}{968mV} \cdot 1{,}26 = 0{,}51$$

$$R_6 = \frac{V_6}{V_3} \cdot \Theta_6 = \frac{1430mV}{968mV} \cdot 1{,}39 = 2{,}05$$

Mit diesen Radienwerten werden Kreise um die Kalibrierpunkte gezogen. In Bild 38 ist das Ergebnis und dessen Fehlerbehandlung, wie unter 3.2.1.4 beschrieben, dargestellt.

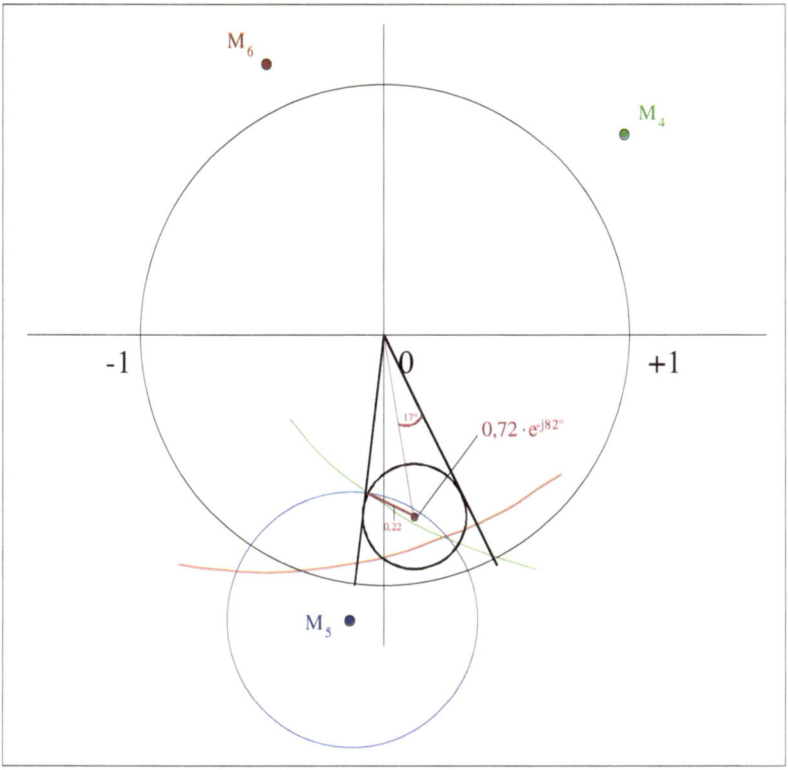

Bild 38 : Ermittlung des Reflexionsfaktor von DUT 4 (mit Meßungenauigkeiten)

Analog werden die Reflexionsfaktoren der anderen Meßobjekte ermittelt.

4.1.2 Meßergebnisse

Für diese Versuchsreihe wurde eine Meßfrequenz von 1,7 GHz und eine Meßspannung von 1 V gewählt. Mit diesen Vorgaben sind folgende Reflexionsfaktoren für die sechs unbekannten Impedanzen mit der Sechstor-Methode ermittelt worden.

	Reflexionsfaktor $\underline{\Gamma}$	**normierte Impedanz $\underline{Z}_I/\underline{Z}_C$**
DUT 1	$0{,}22 \cdot e^{j57{,}6°} \pm (0{,}05 \cdot e^{j5°})$	1,17+j0,46
DUT 2	$0{,}24 \cdot e^{-j83{,}5°} \pm (0{,}04 \cdot e^{j7°})$	0,94-j0,48
DUT 3	$0{,}50 \cdot e^{-j81{,}5°} \pm (0{,}10 \cdot e^{j11°})$	0,68-j0,90
DUT 4	$0{,}72 \cdot e^{-j82°} \pm (0{,}22 \cdot e^{j17°})$	0,37-j1,08
DUT 5	$0{,}58 \cdot e^{-j99°} \pm (0{,}07 \cdot e^{j8°})$	0,44-j0,75
DUT 6	$0{,}72 \cdot e^{-j94°} \pm (0{,}10 \cdot e^{j10°})$	0,30-j0,89

Tabelle 2 : Meßergebnisse nach der Sechstor-Methode

Um festzustellen, inwieweit diese Ergebnisse korrekt sind, werden die gleichen sechs Testobjekte an einem Netzwerkanalyser angeschlossen. Die damit erhaltenen Ergebnisse werden dann mit denen aus Tabelle 2 verglichen. Dazu dient dann eine Darstellung im Smith-Diagramm.

4.2 Messung mit einem Netzwerkanalyser

Ein Netzwerkanalysator besteht aus folgenden Komponenten :

- Signalquelle
- Richtkoppler- bzw. Power-Splitter-Kombination
- Auswerteschaltung
- Rechner-, Speicher- und Anzeigeteil

Hier kommt ein Gerät von Hewlett Packard zum Einsatz (Bild 40; HP 8510C). Ein Blockschaltbild für die interne Weiterverarbeitung der Eingangssignale zeigt Bild 39.

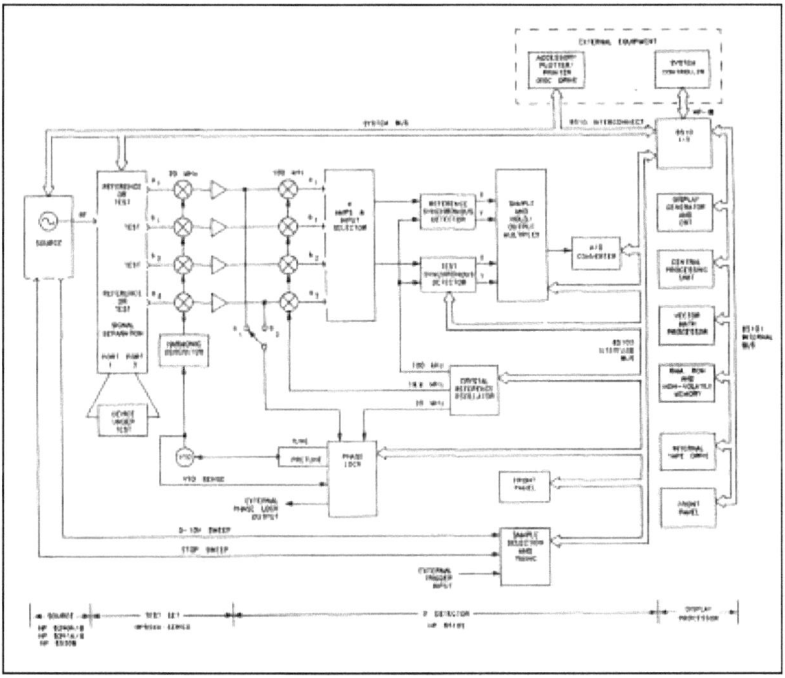

Bild 39 : Blockdiagramm HP 8510 [4]

Bild 40 : Netzwerkanalyser HP 8510C

Die Messung komplexer Netzwerkparameter erfolgt hier durch Einsatz von internen Richtkopplern, Meßbrücken und Mischern. Die Eingangssignale werden auf eine ZF (Zwischenfrequenz) von 20 MHz heruntergemischt, und in einer zweiten Stufe auf 100 kHz. Mit Einsatz von Mikroprozessoren wird für jeden Meßwert eine automatische Fehlerkorrektur vorgenommen. Außerdem gibt es eine Vielzahl von Möglichkeiten sich Meßergebnisse darstellen zu lassen.

4.2.1 Meßergebnisse

Die Messungen mit dem Netzwerkanalyser ergaben folgende Werte für die sechs Meßobjekte :

	Reflexionsfaktor $\underline{\Gamma}$	**normierte Impedanz $\underline{Z}_l/\underline{Z}_C$**
DUT 1	$0{,}27 \cdot e^{j59{,}7^\circ}$	1,16+j0,58
DUT 2	$0{,}25 \cdot e^{-j86{,}1^\circ}$	0,91-j0,49
DUT 3	$0{,}52 \cdot e^{-j89{,}5^\circ}$	0,58-j0,82
DUT 4	$0{,}84 \cdot e^{-j81{,}7^\circ}$	0,20-j1,14
DUT 5	$0{,}60 \cdot e^{-j106{,}9^\circ}$	0,37-j0,67
DUT 6	$0{,}76 \cdot e^{-j103{,}8^\circ}$	0,22-j0,76

Tabelle 3 : Meßergebnisse mit dem Netzwerkanalyser HP 8510

4.3 Vergleich der Meßergebnisse

Der direkte Vergleich der Meßergebnisse zeigt, daß die vom Netzwerkanalyser ermittelten Werte alle innerhalb der Meßungenauigkeit der Sechstor-Ergebnisse liegt.

	Reflexionsfaktor $\underline{\Gamma}$ (Netzwerkanalyser)	**Reflexionsfaktor $\underline{\Gamma}$ (Sechstor)**	**Abweichung $\Delta\rho$ / $\Delta\Phi$**
DUT 1	$0{,}27 \cdot e^{j59{,}7^\circ}$	$0{,}22 \cdot e^{j57{,}6^\circ} \pm (0{,}05 \cdot e^{j5^\circ})$	0,05 / 2,1°
DUT 2	$0{,}25 \cdot e^{-j86{,}1^\circ}$	$0{,}24 \cdot e^{-j83{,}5^\circ} \pm (0{,}04 \cdot e^{j7^\circ})$	0,01 / 2,6°
DUT 3	$0{,}52 \cdot e^{-j89{,}5^\circ}$	$0{,}50 \cdot e^{-j81{,}5^\circ} \pm (0{,}10 \cdot e^{j11^\circ})$	0,02 / 8°
DUT 4	$0{,}84 \cdot e^{-j81{,}7^\circ}$	$0{,}72 \cdot e^{-j82^\circ} \pm (0{,}22 \cdot e^{j17^\circ})$	0,12 / 0,3°
DUT 5	$0{,}60 \cdot e^{-j106{,}9^\circ}$	$0{,}58 \cdot e^{-j99^\circ} \pm (0{,}07 \cdot e^{j8^\circ})$	0,02 / 7,9°
DUT 6	$0{,}76 \cdot e^{-j103{,}8^\circ}$	$0{,}72 \cdot e^{-j94^\circ} \pm (0{,}10 \cdot e^{j10^\circ})$	0,04 / 9,8°

Tabelle 4 : Vergleich der Meßergebnisse

Auf den nachfolgenden Seiten sind die Ergebnisse noch einmal im Smith-Diagramm gegenübergestellt. Die rote Darstellung entspricht dem Netzwerk-Analyser-Ergebnis und die blaue dem Sechstor-Ergebnis.

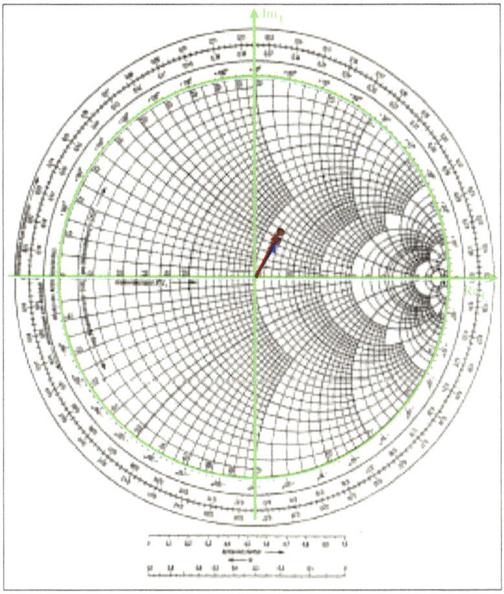

Bild 41 : Meßergebnis DUT 1

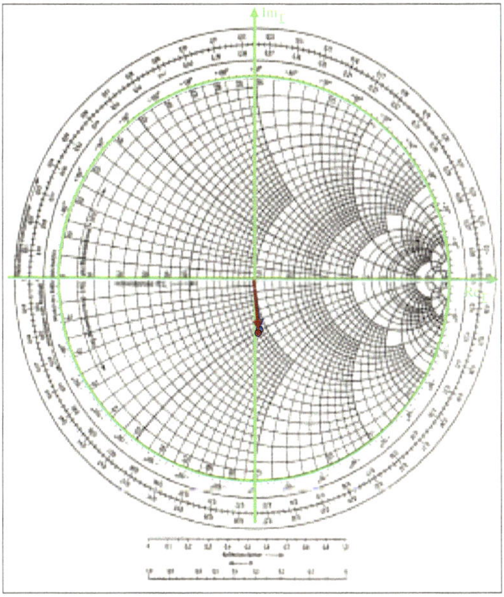

Bild 42 : Meßergebnis DUT 2

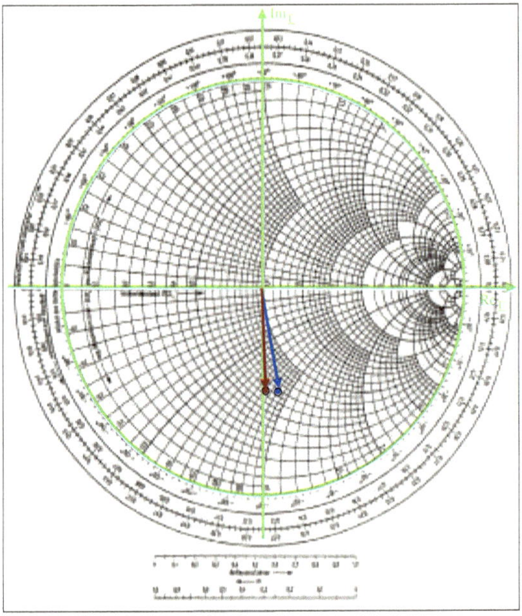

Bild 43 : Meßergebnis DUT 3

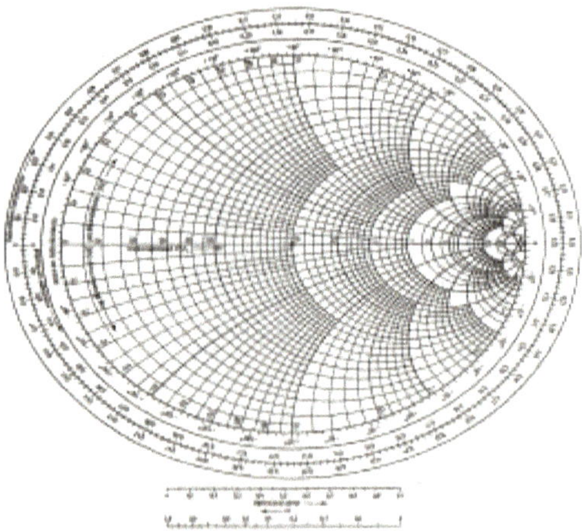

Bild 44 : Meßergebnis DUT 4

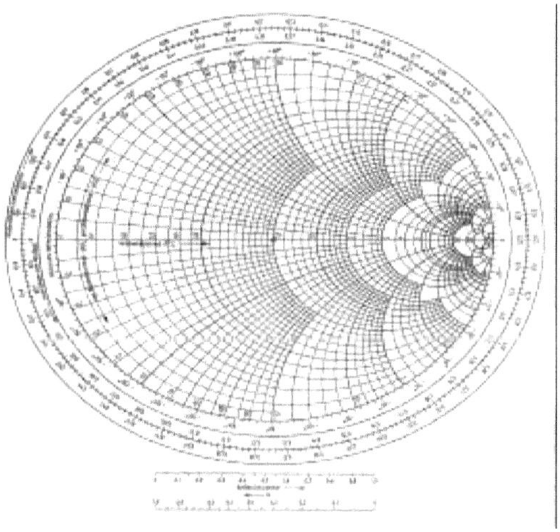

Bild 45 : Meßergebnis DUT 5

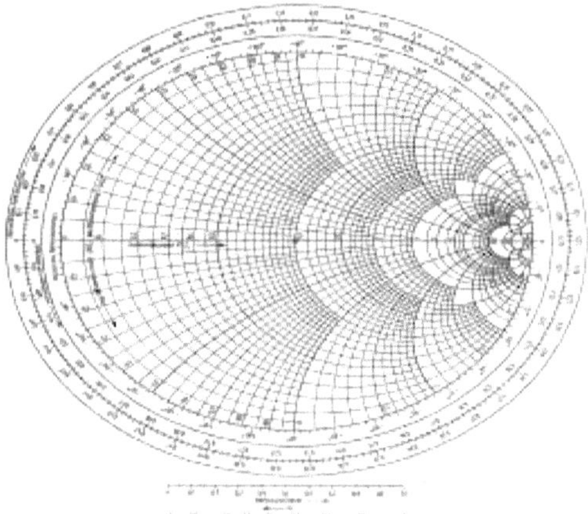

Bild 46 : Meßergebnis DUT 6

4.4 Beurteilung der Meßergebnisse

Der Vergleich der Meßergebnisse zeigt recht deutlich, daß es nur recht kleine Abweichungen gibt.

Der Vorteil von Netzwerkanalysatoren besteht darin, daß sie sehr genau sind, und sie sind sehr flexibel einsatzbar. In Bezug auf die Messung von Reflexionsfaktoren heißt das, daß man z.B. den Faktor über der Frequenz darstellen kann. Für die Sechstor-Messung würde das bedeuten, das für jede neu eingestellte Frequenz der Meßaufbau neu kalibriert werden muß. Außerdem würde sich die Frage stellen, wie groß man die Frequenzänderung wählen muß, um eine ähnliches Ergebnis wie bei der Messung mit dem Netzwerkanalyser zu bekommen.

Der große Nachteil des Netzwerkanalysers gegenüber dem Sechstor-Aufbau ist eindeutig der Preis. Mit ca. DM 500.000 ,- ist er für die meisten kleineren Labore wohl kaum erschwinglich.

Die Meßergebnisse des Sechstor-Meßplatzes rechtfertigen dessen Existenz, denn die Abweichungen gegenüber der Netzwerkanalyser-Ergebnisse sind sehr klein. Es ist also erwiesen, daß man mit recht geringen materiellen Aufwand sehr gute Meßergebnisse erzielen kann. Es ist natürlich wesentlich mehr Arbeitsaufwand (Aufbau der Meßapparaturen, Meßergebnisauswertung [Ermittlung der Kalibrierpunkte, Kreis-Schnittpunktsermittlung, Meßungenauigkeitsauswertung]) verbunden.

5 Literaturverzeichnis

1 BRAND, HANS : *Schaltungslehre linearer Mikrowellennetze* ; S. Hirzel Verlag, Stuttgart, 1970

2 KUMMER, MANFRED : *Grundlagen der Mikrowellentechnik, 2.Auflage* ; VEB Verlag Technik, Berlin, 1989

3 GROLL, HORST : *Mikrowellen Meßtechnik* ; Friedrich Vieweg Verlag & Sohn GmbH, Verlag, Braunschweig, 1969

4 KÄS, GÜNTER / PAULI, PETER : *Mikrowellentechnik* ; Franzis-Verlag GmbH, München, 1991

5 SCHIEK, BURKHARD : *Meßsysteme der Hochfrequenztechnik* ; Hüthig Verlag GmbH, Heidelberg, 1984

6 LAVERGHETTA, THOMAS S. : *Practical Microwaves* ; Prentice-Hall, Inc., Englewood Cliffs, New Jersey 07632, 1996

7 KUPFMÜLLER, KOHN : *Theoretische Elektrotechnik und Elektronik, 14. Auflage* ; Springer Verlag Berlin Heidelberg, 1993

8 UNGER, H. G. : *Elektromagnetische Wellen auf Leitungen, 3. Auflage* ; Hüthig Verlag GmbH, Heidelberg, 1991

9 DÖLECKE, H. : *HF-Leitung (Skriptum für Hörer der Vorlesung Mikrowellentechnik an der Fachhochschule Hannover)* ; Barsinghausen 1989

10 RIBLET, GORDON P. *: A Compact Waveguide „Resolver“ for the Accurate Measurement of Complex Reflection and Transmission Coefficients Using the 6-Port Measurement Concept* ; IEE Transactions on Microwave Theory and Techniques, Vol. MTT-29, No. 2, February 1981

11 DALICHAU, HARALD : *Ein breitbandiger Sechstor-Meßplatz zur kostengünstigen Messung komplexer Reflexionsfaktoren* ; ntzArchiv Bd 9 (1987) H. 5 S. 107-114

12 WOODS, D. : *Analysis and calibration theory of the general 6-port reflectometor employing four amplitude detectors* ; Proc. IEE, Vol. 126, No. 2, February 1979

13 WOODS, D. : *Multiport-network analysis by matrix renormalisation employing voltage-wave S-parameters with comples normalisation* ; Proc. IEE, Vol. 124, No. 3, March 1977

14 ENGEN, GLENN F. : *Design considerations for automatic network analyzers based on the Six-Port-Concept* ; National Bureau of Standards, Boulder, Colorado, USA

15 LABAAR, F : *The exact solution to the Six-Port equations ; Microwave Journal,* September 1984

16 BIALKOWSKI, M.E. AND WOODS, G.S. *: Calibration of the Six-Port Reflectometer using a minimum number of known loads* ; AE0, Band 39 [1985], Heft 5

6 Abbildungsverzeichnis

7 Sachwörterverzeichnis

8 Anhang : Anleitung zur Durchführung des Sechstorversuches

Auf den nachfolgenden Seiten wird eine Anleitung zur Durchführung des aufgebauten Sechstor-Versuches kundgegeben.